Baobao Yingyang Shipu
Wanmei Fang'an

宝宝营养食谱
完美方案

岳然/编著

中国人口出版社
China Population Publishing House
全国百佳出版单位

图书在版编目（CIP）数据

宝宝营养食谱完美方案 ／ 岳然编著. -- 北京 ：中国人口出版社，2014.3
ISBN 978-7-5101-2278-1

Ⅰ．①宝… Ⅱ．①岳… Ⅲ．①婴幼儿－保健－食谱 Ⅳ．①TS972.162

中国版本图书馆CIP数据核字(2014)第038073号

宝宝营养食谱完美方案

岳然 编著

出版发行	中国人口出版社
印　　刷	沈阳美程在线印刷有限公司
开　　本	720毫米×1000毫米 1/16
印　　张	17.75
字　　数	200千
版　　次	2014年4月第1版
印　　次	2014年4月第1次印刷
书　　号	ISBN 978-7-5101-2278-1
定　　价	32.80元

社　　长	陶庆军
网　　址	www.rkcbs.net
电子信箱	rkcbs@126.com
总编室电话	(010) 83519392
发行部电话	(010) 83534662
传　　真	(010) 83515992
地　　址	北京市西城区广安门南街80号中加大厦
邮政编码	100054

Contents 目 录

Part 1 0~4个月 宝宝的最佳食物是母乳 ●●●●

Part 2 4~12个月　宝宝断奶与辅食添加

Part 3 1~2岁 宝宝过渡到以普通食物为主食 ●●●

目录

Part 4　2~3岁　开始像大人一样吃饭

目录

Part 5 宝宝常见病饮食调理 ● ● ●

Part 1

0~4个月
宝宝的最佳食物是母乳

0~4个月宝宝身体发育情况

月 龄	身 长	体 重	头 围	胸 围
0~1个月宝宝	51.7~61.5厘米	3.6~6.4千克	35.0~40.7厘米	32.9~40.9厘米
1~2个月宝宝	54.6~65.2厘米	4.4~7.6千克	36.2~42.2厘米	35.1~42.3厘米
2~3个月宝宝	57.2~67.6厘米	5.0~8.5千克	37.7~43.5厘米	36.5~44.1厘米
3~4个月宝宝	58.6~69.5厘米	5.5~9.1千克	38.8~44.5厘米	37.3~46.3厘米

0~4个月聪明宝宝怎么吃

0~1个月宝宝

宝宝哺喂指导

新生儿最理想的营养来源是母乳。母乳和牛奶的营养虽然接近，但进入婴儿的体内后，两者并不相同。

母乳中的蛋白质比牛奶中的蛋白质易于消化，婴儿只有到了3个月后才能很好地利用牛奶中的蛋白质，所以3个月前婴儿都应尽量采用母乳喂养。母乳和牛奶中均含有铁，母乳中的铁50%可被吸收，但牛奶中铁的吸收则不足一半。

新生儿的消化吸收能力很弱，母乳中的各种营养无论是数量比例，还是结构形式，都是最适合小宝宝食用的。

因各种原因确不能母乳喂养的要吃配方奶粉。

宝宝一日饮食安排

喂养类型	喂养方法	添加营养
母乳喂养	出生一周内，可以采取勤哺喂、小间隔的方式，每天哺乳10~12次一周后每天哺喂次数比刚出生时适当减少，平均为8~10次。	无
混合喂养	可以采取补授法或代授法。喂养次数和每次奶量跟母乳喂养一样	无
人工喂养	完全吃配方奶粉的宝宝应每隔3~4小时喂一次，吃奶时间为15~20分钟。每天需要饮用适量的白开水，一般安排在两次哺喂的中间	鱼肝油1次/天

妈妈最佳催奶菜

🥣 黄花杞子蒸瘦肉

原料： 瘦猪肉200克，干黄花菜15克，枸杞子10克，淀粉适量。

调料： 料酒、酱油、香油、淀粉、精盐各适量。

做法：

1 将瘦猪肉洗净，切片；干黄花菜用水泡发后，择洗干净，与瘦猪肉、枸杞子一起剁成蓉。

2 将猪肉、枸杞子、黄花菜碎蓉放入盆内，加入料酒、酱油、淀粉、香油、精盐搅拌到黏，摊平，入锅内隔水蒸熟即可。

特点： 这道菜益髓健骨、强筋养体、生精养血、催乳。可有效增强乳汁的分泌，促进乳房发育。适用于妈妈产后乳汁不足或无乳。

🥣 豌豆炒鱼丁

原料： 豌豆仁200克，鳕鱼200克，彩椒少许。

调料： 盐、食用油各适量。

做法：

1 鳕鱼去皮、去骨，切丁；豌豆仁洗净；彩椒洗净、切丁。

2 上锅热油，倒入豌豆仁翻炒片刻，继而倒入鳕鱼丁、彩椒丁，加适量盐一起翻炒，待鱼丁熟即可。

特点： 鱼肉中含有丰富的维生素A和不饱和脂肪酸，助益乳腺分泌，起到丰胸催乳的效果。

特点：这道菜补益肝肾，生精养血，养精益髓，下乳。适用于产后缺乳、无乳或女子乳房扁小不丰、发育不良等。

 羊肉虾羹

原料：羊肉200克，虾米30克，葱、蒜适量。

调料：盐适量。

做法：

1 羊肉洗净，切成薄片；虾米洗净；蒜切片；葱切段和葱花。

2 锅置火上，加水烧开，放入虾米、蒜片、葱段。

3 煮至虾米熟后放入羊肉片，再煮至羊肉片熟，加少许盐调味，撒上葱花即可。

猪蹄通草粥

原料：猪蹄200克，通草3克，粳米100克，葱白适量。

调料：盐适量。

做法：

1 将猪蹄去毛，洗净，剁成块。

2 通草放入锅中，加适量清水熬煮，至汁浓，去渣取汁，备用。

3 锅置火上，放入猪蹄块、药汁、粳米、葱白，加清水适量煮至肉烂熟。

4 加入盐调味即可食用。

 滋补羊肉汤

原料：羊肉350克，枸杞子30克，高汤、葱段各适量。

调料：盐、香油各适量。

做法：

1 将羊肉洗净，切片焯水；枸杞子浸泡洗净。

2 净锅上火，倒入高汤，下入葱段、羊肉片、枸杞子，煲至熟，调入盐，淋入香油即可。

虾仁镶豆腐

原料：豆腐100克，虾仁50克，青豆仁10克，蚝油适量。

调料：盐适量。

做法：

1 豆腐洗净，切成四方块，再挖去中间的部分。

2 虾仁洗净剁成泥状，加盐拌匀填塞在豆腐空的部分的中间，并在豆腐上面摆上几个青豆仁做装饰。

3 将做好的豆腐放入蒸锅蒸熟。

4 蚝油加适量水在锅里熬成糊状，然后均匀淋在蒸好的豆腐上即可。

特点：虾仁豆腐所含油量较低，是优质的蛋白质来源，可以增加母乳的营养含量。过敏性体质的妈妈，可以用绞肉代替虾仁，减少过敏反应。

Part 1 0～4个月 宝宝的最佳食物是母乳

1~2个月宝宝

宝宝哺喂指导

满月后，婴儿进入一个快速生长的时期，对各种营养的需求也迅速增加。此阶段婴儿生长发育所需的热量占总热量的25%~30%，每天热量供给约需95千卡/千克体重。

此阶段提倡继续母乳喂养，如果母乳量足，完全可以不必添加其他配方奶。如果母乳不足，不能完全母乳喂养时，首先应当选择混合喂养，最后才选择实行人工喂养。人工喂养的宝宝可以适当添加一些蔬菜汁和果汁。由于宝宝的消化功能还不发达，所以最好是将蔬果汁稀释后给宝宝食用，而且蔬果汁最好是鲜榨的，确保宝宝的营养供给。

宝宝一日饮食安排

哺喂次数	每次奶量	添加营养	辅助食物
8~10次/天 2.5~3小时/次	60~150毫升	鱼肝油	人工喂养的宝宝可以少量添加蔬菜汁或果汁

2~3个月宝宝

宝宝哺喂指导

宝宝3个月时，母乳喂养仍然是需要提倡的喂奶方式。

如果母乳量足，仍然不必添加其他配方奶；如果母乳实在无法满足宝宝的需要，宝宝总是吃不饱，哭闹不止，生长受到影响，那么可以用混合喂养的方式过渡，但母乳应按正常喂奶时间和次数进行，不要间断，以免影响到乳汁的持续分泌；如果根本没有母乳或无法进行母乳喂养了，再实

行人工喂养，但要注意密切观察宝宝的生长发育、食欲和大小便等情况。从母乳改换到配方奶，宝宝容易出现不适，应及时发现并应对。

混合喂养时，不要在喂完母乳后再喂奶粉。硬的胶皮奶嘴感觉肯定不同于妈妈的乳头，婴儿会讨厌奶嘴，更何况母乳的味道与奶粉也不一样，这个时候喂的话，婴儿可能不会喝奶粉。因此，在两次母乳喂养中间添加牛奶补充是恰当的。

此时，可以给宝宝适当添加一些果汁、蔬菜汁，以补充维生素和水分，此阶段宝宝体内的维生素储存量已经很少，因此适当补充是必要的，而且可以为下个月宝宝添加辅食做好过渡。

若想尝试着给消化功能较好的宝宝添加辅食，一定要避免米糊等含淀粉太多的食物，因为这个月的宝宝体内帮助消化的淀粉酶分泌还不足。

此外，3个月以内的宝宝还不能吃咸食，否则会增加肾脏负担，因此人工喂养或给宝宝喂蔬菜汁、果汁的时候，不要往里面加盐，这个时期的盐，主要来自母乳和牛奶中含有的电解质。

宝宝一日饮食安排

哺喂次数	每次奶量	添加营养	辅助食物
7~8次/天 夜间减少1次	75~160毫升	鱼肝油	人工喂养的宝宝可以少量添加蔬菜汁或果汁

3~4个月宝宝

宝宝哺喂指导

宝宝第4个月还是提倡母乳喂养，在母乳量足的情况下，不必添加其他配方奶。

从第4个月起，宝宝需要及时添加辅食了。宝宝体内的铁、钙、叶酸和维生素等营养元素相对缺乏，如果不及时添加辅食，可能导致宝宝营养不良，尤其是不肯吃母乳的宝宝。宝宝的生理因素也为添加辅食做好了准备，这个月宝宝唾液腺的分泌逐渐增加，为接受谷类食物提供了消化的条件，宝宝也喜欢吃乳类以外的食品了。

第4个月，宝宝的主食仍以乳制品为主，每一种辅食都可以慢慢增加，补充维生素A、维生素C、B族维生素、维生素D及无机盐，一些含淀粉的食物，如米糊、粥等可开始用匙喂食。

宝宝可能对异种蛋白产生过敏反应，导致湿疹或荨麻疹等疾病，因此在6个月前不要给宝宝喂鸡蛋清。

宝宝一日饮食安排

时间	食物类型	添加量
6：00	母乳或母乳+配方奶	120~160毫升/次
9：00	人工喂养的宝宝添加婴儿营养米粉	适量
11：00	母乳或母乳+配方奶	120~160毫升/次
13：00	人工喂养的宝宝添加蔬菜汁或水果汁	90毫升
16：00	母乳或母乳+配方奶	120~160毫升/次
18：00	人工喂养的宝宝添加蔬菜泥或水果泥、米汤	20~30克/次
21：00	母乳或母乳+配方奶	120~160毫升/次
00：00	母乳或母乳+配方奶	120~160毫升/次

宝宝喂养难题

什么时候需要给宝宝喂水

如果宝宝撅着小嘴四处觅食，哭闹、烦躁、难以入睡、尿少、尿色深黄，就该想一想宝宝是不是需要喝水了。在两次喂奶或喂食之间，或宝宝在室外时间长了、洗澡后、睡醒后等时候，都应给宝宝适量补充水。

一般来说，新生宝宝每天需要喂3~4次水；一周内的宝宝每次要喂30毫升左右；第2周的宝宝每次要喂45毫升左右的水；满月后，每次则要给宝宝喂50~60毫升的水。

饭前半小时可以让宝宝喝少量的水，这样可以促进唾液的分泌，帮助宝宝消化。另外，睡前不要给宝宝多喝水，新生宝宝还不能控制排尿，睡前喝水过多会影响睡眠，也可能导致遗尿。

不过，母乳喂养的宝宝不必时常喂水，一天1~2次即可，因为母乳中含有大量的水分，能够很好地满足宝宝的需要，不必刻意补充。人工喂养与混合喂养的宝宝，由于奶粉中所含的蛋白质和无机盐比母乳多，会使宝宝体内产生更多盐分和蛋白质的代谢产物，这些都要随水分排出体外，所以，每天必须补充适量温开水。需要提醒的是，宝宝3个月后就要开始单独补水了。

宝宝不接受配方奶粉怎么办

纯母乳喂养的宝宝如果习惯了从妈妈的乳房中吸吮乳汁，就会拒绝吃橡皮奶头，也会拒绝用奶瓶吃配方奶。所以，母乳不足的妈妈想给宝宝添加配方奶，提前锻炼宝宝吸橡皮奶头是非常有必要的。

刚开始可先用奶瓶给宝宝喂一点水或果汁，然后再少量地给宝宝喂一点奶粉，让宝宝逐渐适应橡皮奶头的气味和口感。等宝宝接受了橡皮奶头，就可以用奶瓶给宝宝喝配方奶了。

如果宝宝哭闹着要吃母乳，妈妈可以采取让家里的其他人给宝宝喂奶的办法，减少母乳对宝宝的诱惑，使宝宝逐渐接受橡皮奶头。

贴心提示

锻炼宝宝从橡皮奶头中吸配方奶的时候，最好不要先让宝宝吃一半母乳，再给宝宝加配方奶，而应该采取一顿母乳、一顿配方奶的喂养方式，不要用配方奶补零。

Part 1 0~4个月 宝宝的最佳食物是母乳

宝宝不愿意吸奶怎么办

　　宝宝出生半个小时内应尽量让他吸吮乳头，宝宝本能地就学会了吸奶，即使宝宝不好好吃奶，也不要着急，要耐住性子等待。乳头凹陷会使宝宝吃奶有些困难，可以尝试用一只手握住乳房根部轻轻地向上提，另一只手一边扶着乳房，一边用拇指、食指轻轻地把乳晕朝内侧按，乳头就可以从根部挤出来，便于宝宝吮吸。妈妈乳房胀奶后比较硬，新生宝宝不会吸。这时可以用热毛巾敷一敷，把奶挤出来一些，使乳房变软，这样宝宝就会吸吮了；若是人工喂养，奶瓶上的奶嘴不要太硬，吸孔不能太小，吮吸费力会使宝宝厌吮。

　　有的宝宝在习惯了从橡皮奶头中吸配方奶后，常常会因为母乳吸吮起来比较费力、流出得比较慢而逐渐对吃母乳失去兴趣。这时候，妈妈不要因为宝宝不喜欢就减少母乳喂养的次数，这只会使母乳的分泌越来越少，最终导致母乳不足而使母乳喂养失败。

　　妈妈要时常注意宝宝的身体情况，因为一些疾患，如消化道疾病、鼻塞、口腔感染等都会不同程度导致宝宝厌吮，这时要及时带宝宝看医生，进行适当处理。

　　无论什么情况，最重要的是要让宝宝吸奶，哪怕只是放在嘴里舔，宝宝也会逐渐学会自己吃奶。

宝宝吐奶怎么办

　　宝宝吐奶是正常现象，妈妈不必担心，可以采取以下措施来预防：

　　喂奶时不要过多过快，用奶瓶喂奶时，奶嘴的开口不宜太大，以减少吞进空气的可能性。吃完奶后将宝宝抱起来，头靠在妈妈的肩上，轻轻拍背使其打嗝。之后让宝宝采取右侧卧位，不要过多翻动。

❀ 贴心提示 ❀

　　如果宝宝有经常性的、严重的吐奶情况，比如出现喷射状吐奶、吐出黄绿色的胆汁、吐出血丝、吐出咖啡色的液体等，则要引起重视，及时带宝宝到医院诊治。

妈妈胀奶该采取什么措施

胀奶时，妈妈的乳房会变得比平时更加光滑、充盈、硬挺，有胀痛、压痛甚至发热的感觉。胀奶必须及时处理，以免妨碍宝宝吃奶，也避免使妈妈遭受更多痛苦。

处理方法是

1 用热毛巾敷乳房可以使阻塞的乳腺变得通畅，以缓解胀奶引起的疼痛。注意：热敷的温度不宜过热，以免烫伤皮肤；乳晕和乳头部位的皮肤比较娇嫩，热敷时要尽量避开这些地方。

2 热敷后，可以进一步对乳房进行按摩：用双手托住一侧乳房，从乳房底部按摩至乳头，直至乳房变得柔软，将淤积的乳汁挤出来就可以了。

❧ 贴心提示 ❧

如果胀奶的情况十分严重，不妨以冷敷的方式止痛，可以先用吸奶器将淤积在乳头里的奶汁挤出，然后用毛巾裹上冰袋冷敷，缓解疼痛。

挤奶要怎么操作

当妈妈必须与宝宝短暂分开，特别是休完产假回去上班时，长时间不能哺乳，致乳房太胀、宝宝无法含住乳头、乳头皲裂等无法哺喂母乳时，妈妈可以将奶水挤出来，否则不仅会胀奶，长期下去，还可能引发乳腺炎甚至断乳。

正确的挤奶方法是：使用大拇指与食指按压乳晕边缘，并且改变按压的角度，才能将乳房中的所有奶水挤出来。通常只要乳腺通畅，用手挤奶水并不会痛，手要直接固定在乳晕边缘的位置并且挤压，不要在皮肤上滑动，否则容易使皮肤不舒服，挤奶效果也不好。

一般来说，当妈妈开始有奶水后，每隔3~4个小时需要挤一次，只要挤到乳房舒服，不再胀奶，或是挤到宝宝需要的量即可，通常10~20分钟就可结束。

如果长期需要挤奶水，可以用吸奶器来代劳，较省时省力。

❧ 贴心提示 ❧

当宝宝吸吮乳房时，妈妈也可以手触摸乳房周围是否还有哪个部位仍有肿胀，若有肿胀则表示这个部位的奶水尚未移除，此时可用手按压这个部位，帮助奶水流出来。

日常生活护理细节

宝宝不同的哭声具有怎样的含义

　　宝宝一哭，妈妈就心急，其实妈妈若仔细观察，会发现，宝宝的哭声是不一样的，当然也代表着不一样的意思。

1 饥饿：当宝宝饥饿时，哭声很洪亮，哭时头来回活动，嘴不停地寻找，并做着吸吮的动作。只要一喂奶，哭声马上就停止。而且吃饱后会安静入睡，或满足地四处张望。

2 感觉冷：当宝宝冷时，哭声会减弱，并且面色苍白、手脚冰凉、身体紧缩，这时把宝宝抱在温暖的怀中或加盖衣被，宝宝觉得暖和了，就不再哭了。

3 感觉热：如果宝宝哭得满脸通红、满头是汗，一摸身上也是湿湿的，被窝很热或宝宝的衣服太厚，那么减少铺盖或减衣服，宝宝就会慢慢停止啼哭。

4 便便了：有时宝宝睡得好好的，突然大哭起来，好像很委屈，就可能是宝宝大便或者小便把尿布弄脏了，这时候换块干的尿布，宝宝就安静了。

5 不安：宝宝哭得很紧张，妈妈不理他，他的哭声会越来越大，这就可能是宝宝做梦了，或者是宝宝对一种睡姿感到厌烦了，想换换姿势可又无能为力，只好哭了。妈妈拍拍宝宝告诉他"妈妈在这儿，别怕"，或者给宝宝换个体位，他就会接着睡了。

6 生病：宝宝不停地哭闹，用什么办法也没用。有时哭声尖而直，伴发热、面色发青、呕吐，或是哭声微弱、精神萎靡、不吃奶，这就表明宝宝生病了，要尽快请医生诊治。

贴心提示

　　一些宝宝常常在每天的同一个时间"发作"，或者不是因为什么原因，而是宝宝就是想哭。这个时候，要学会安抚宝宝，给宝宝唱歌、帮助他打嗝等都能有效地让宝宝停止哭泣。

宝宝的居室有什么要求

宝宝身体幼小娇嫩，一定要合理安排宝宝的生活环境。

1 安置宝宝的房间最好朝南，经常有阳光照射，同时朝南的房间相对较干燥一些，致病菌没有那么容易繁殖。

2 不要让宝宝住在刚粉刷或者油漆过的房间里。

3 宝宝房内可以加装窗帘，避免阳光直射房内，刺激宝宝的眼睛。到了晚上，把窗帘拉下也可以增加宝宝的安全感。

4 要保持室内空气新鲜，春季、夏季、秋季经常开窗通通风，冬天也要定时开窗换气，使室内混浊空气、灰尘和微生物排出室外。但注意，开窗时不要让风直接吹到宝宝身上。

5 宝宝的居室温度应保持在18~22℃，出生第1周温度需略高一些，可调至24℃。另外，昼夜温度要均衡，湿度一般为50%左右。如果宝宝房间里比较干燥，妈妈可以买一个加湿器放在宝宝房间里。

6 屋内要保持清洁。每天应打扫屋内卫生，进行湿性打扫，家具用湿布擦拭。

7 室内要保持安静，避免嘈杂的声音，大人讲话声音要轻柔，同时，要避免太多客人来探视宝宝。

8 宝宝房间的灯光要柔和，不要太刺眼，可以使用类似自然光的灯泡或是卤素灯照明，也可以装上数段式转换的灯，偶尔改变室内光线，给宝宝多种不同的视觉感受。另外，要注意宝宝的房间不可常开灯。妈妈可选择一个灯光强度较弱的台灯，方便晚上起来给宝宝喂奶、换尿布等。

让宝宝自己睡还是和妈妈一起睡

宝宝出生后，妈妈可以给宝宝一个专门的小床，让宝宝自己睡。但是，在出生后的前6周，妈妈都应该将宝宝的小床放在自己的床边，因为需要给宝宝频繁地哺乳。

母婴同室有利于母婴安全，刺激母乳分泌，方便妈妈随时哺喂，有利于促进宝宝健康发育和母婴感情，因此提倡母婴同室。但是母婴不宜同床，母婴同床睡觉，妈妈翻身的时候，有可能压着宝宝，对宝宝造成严重的伤害。

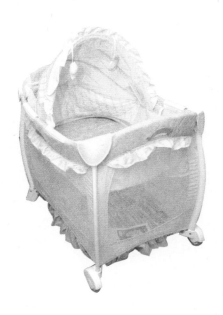

选择和装点宝宝的小床

1 宝宝床的表面要光滑，没有毛刺和任何突出物；床板的厚度可以保证宝宝大一些的时候在上面蹦跳安全；结构牢靠，稳定性好，不能一推就晃。

2 床的拐角要比较圆滑，如果是金属床架，妈妈最好自己用布带或海绵包裹一下，以免磕碰到宝宝。

3 床栏杆之间的间距适当，宝宝的脚丫卡不进去，而小手又可伸缩自如。床栏最好高于60厘米，宝宝站在里面翻不出来。

4 摇篮床使用中要定期检查活动架的活动部位，保证连接可靠，螺钉、螺母没有松动，宝宝用力运动也不会翻倒。

5 选购好小床后，妈妈还可以用可爱的玩具和鲜艳的色彩装点宝宝的小床，因为宝宝不仅要躺在小床里睡觉、游戏，还要在小床里学站、练爬，甚至蹦蹦跳跳。

什么样的衣物和被褥适合新生宝宝

很多妈妈都喜欢给宝宝买衣服，不过，宝宝在1~2岁生长速度很快，衣服使用期会比较短，妈妈在给宝宝购买衣物时应注意：

衣服的选择

大小：为刚出生的宝宝选衣服时宜买大忌买小，要保证宝宝至少可以穿2个月。

质地：宝宝衣服的材料应该柔软、舒适，缝合处不能坚硬，最好是纯棉或纯毛的天然纤维织品。要特别注意宝宝的衣服的腋下和裆部是否柔软，因为这些地方是宝宝经常活动的关键部位，如果面料不好会导致宝宝皮肤受损。

样式：对于新生宝宝来说，前开衫或宽圆领的衣服最佳。不宜购买带有花边的衣服，宝宝可能会把手指插到其中的孔内。

颜色：宝宝的内衣裤应选择浅颜色或素色的，因为一旦宝宝出现不适和异常，极易弄脏衣服，妈妈能及时发现。而且浅色衣物引发皮肤过敏的概率要比深色衣物小些。

睡衣和睡袋

对于新生宝宝而言，没有必要区分白天与夜间穿的衣服，最合适的衣物就是连体衣裤。如果天气比较冷，宝宝穿睡袋比较好，可以防止宝宝蹬裤子。

帽子的选择

如果给宝宝买帽子，一定要选有带子的那种，如果没有带子，可以要缝上带子。大多数宝宝不喜欢戴帽子，如果没有带子加以固定，宝宝会把帽子拉掉的。

❧ 贴心提示 ❧

要注意，为了能够让宝宝锻炼手的抓握能力，妈妈最好不要给宝宝戴上手套。同时，要经常给宝宝剪指甲，以防止宝宝抓伤自己。

如何给新生宝宝穿脱衣服

新生宝宝穿脱衣服除了要选择易穿脱的衣服外，还要掌握技巧。

给宝宝穿衣服的方法

1 把宝宝放在一个平面上，确保尿布是干净的，如有必要，应更换尿布。

2 穿汗衫时先把衣服弄成一圈并用两拇指在衣服的颈部拉撑一下。把它套过宝宝的头，同时要把宝宝的头稍微抬起。把右衣袖口弄宽并轻轻地把宝宝的手臂穿过去，另一侧也这样做。

3 把汗衫往下拉。解开连衣裤的纽扣，妈妈这样做的时候，要密切注意着宝宝。

4 把连衣裤展开，平放备穿用。抱起宝宝放在连衣裤上面。

5 把右袖弄成圈形，通过宝宝的拳头，把他的手臂带出来。当妈妈这样做的时候，把袖子提直，另一侧做法相同。

6 把宝宝的右腿放进连衣裤底部，另一腿做法相同。

给宝宝脱衣服的方法

1 把宝宝放在一个平面上，从正面解开连衣裤套装。

2 因为可能要换尿布，先轻轻地把宝宝双腿拉出来。必要时换尿布。

3 把宝宝的双腿提起，把连衣裤往上推向背部到他的双肩。

4 轻轻地把宝宝的右手拉出来，另一侧做法相同。

5 如果宝宝穿着汗衫，把它向着头部卷起，握着他的肘部，把袖口弄成圈形，然后轻轻地把手臂拉出来。

6 把汗衫的领口张开，小心地通过宝宝的头，以免擦伤他的脸。

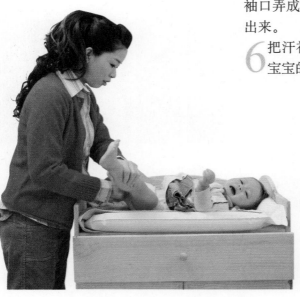

❧ 贴心提示 ❧

不管是穿还是脱，妈妈的手法都要轻柔。平时要勤剪指甲，及时磨平，避免在照顾宝宝时划伤宝宝。

如何防止宝宝溢奶、呛奶

防止溢奶或呛奶

首先，给宝宝换尿布宜在喂奶前进行，避免吃奶后因换尿布宝宝大声哭闹而溢奶。其次，在给宝宝喂奶时，妈妈思想不能开小差，应仔细观察宝宝吃奶的情况。

1 如果听到宝宝咽奶声过急，或宝宝的口角有乳汁流出，就要拔出奶头，让宝宝休息一下再喂。

2 如果妈妈乳头正在喷乳（乳汁像线样从乳头喷出），应停止喂奶。妈妈可用手指轻轻夹住乳房，让乳汁缓慢地进入宝宝的口腔。

3 对容易溢奶的宝宝，喂奶过程中可暂停1~2次，每次2分钟左右，妈妈最好把宝宝竖抱起来，拍拍后背，排出空气后，再继续喂。每次喂奶时不要让宝宝吃得过饱。

4 喂完奶后，要将宝宝竖抱起来，让宝宝趴在妈妈肩头上，轻拍后背，让宝宝打几个嗝，排出吞入的空气。

5 放下宝宝时，最好让宝宝采取右侧卧位。

6 切忌在喂奶后抱宝宝跳跃或做活动量较大的游戏。

呛奶的紧急处理

若宝宝平躺时发生呕吐，应迅速将宝宝的脸侧向一边，以免吐出物流入咽喉及气管；还可用手帕、毛巾卷在手指上伸入口腔内甚至咽喉处，将吐、溢出的奶水快速清理出来，以保护呼吸道的顺畅。

如果发现宝宝憋气不呼吸或脸色变暗时，表示呕吐物可能已经进入气管了，应马上使宝宝俯卧在妈妈膝上或硬床上，用力拍打宝宝的背部4~5次，使其能将奶咳出，随后，妈妈应尽快将宝宝送往医院检查。

贴心提示

随着宝宝逐渐长大溢奶和呛奶现象会逐渐减轻，6个月左右的时候就会自然消失了，所以父母不要担心。

宝宝用什么样的尿布好

选择尿布

纸尿裤和传统的棉布尿布都有各自的优越性。妈妈可以结合两种尿布的优点，交叉使用。白天宝宝不睡觉时，可以使用棉布尿布，一旦尿湿了就及时更换，宝宝的皮肤娇嫩、敏感，棉布尿布非常吸水、透气，而且无刺激，既保护了宝宝娇嫩的皮肤，又省钱；晚上给宝宝使用纸尿裤，因纸尿裤持续时间长，在宝宝睡觉时，不会打扰他的睡眠，而且不容易浸透和漏出大小便，能保证宝宝充足的睡眠。

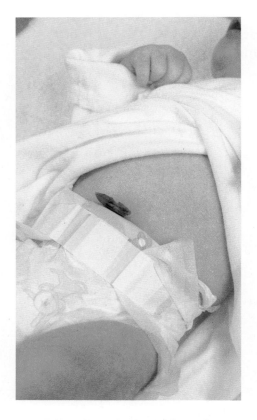

选购纸尿裤的注意事项

1 纯棉材质：纯棉材质的纸尿裤透气性能好，且触感柔软。舒服的触觉，能让宝宝拥有安全感。

2 吸湿力强：纸尿裤中间要有一个吸水的里层，这样的纸尿裤能迅速将尿液吸入里层并锁定，能防止回渗，使表面保持干爽，让宝宝屁屁感觉舒适。

3 设计人性化：挑选具有透气腰带和腿部裁高设计的纸尿裤。这样的设计能减少纸尿裤覆盖在宝宝屁股上的面积，让更多皮肤能接触到新鲜空气，有助预防尿布疹。

4 尺寸合适：宝宝肚子与纸尿裤之间不会出现空隙，更不会在宝宝的大腿上留下深深的印痕。妈妈最好在购买纸尿裤时给宝宝试用一下。

5 边缘柔软：有很多妈妈反映宝宝被尿不湿的边缘割伤，所以，妈妈们在选择纸尿裤时不要忘了检查一下其边缘是否光滑柔软。

❀ 贴心提示 ❀

由于穿上纸尿裤会形成一个潮湿的环境，不利于皮肤的健康，所以取下纸尿裤后不要马上更换新的纸尿裤，给宝宝皮肤进行适当的透气，保持皮肤干爽，有利于减少尿布疹的产生。

如何通过大便判断宝宝的健康

宝宝的大便是与喂养情况密切相关的，同时也反映了胃肠道功能及相关疾病。妈妈应该学会观察宝宝的大便，观察大便需观察它的形状、颜色和次数。

1 宝宝出生不久，会出现黑、绿色的焦油状物，这是胎粪。这种情况仅见于宝宝出生的头2~3天。

2 宝宝出生后1周内，会出现棕绿色或绿色半流体状大便，充满凝乳状物。这说明宝宝的大便变化，消化系统正在适应所喂食物。

3 一般来说，母乳喂养的宝宝大便多为均匀糊状，呈黄色或金黄色，有时稍稀并略带绿色，有酸味但不臭，偶有细小乳凝块。宝宝每日排便2~4次，有的可能多至4~6次也算正常，但仍为糊状。宝宝此时表现为精神好、活泼。添加辅食后粪便则会变稠或成形，次数也减少为每日1~2次。

4 若是以配方奶粉来喂养，大便则较干稠，而且多为成形的、淡黄色的，量多而大，较臭，每日1~2次，有时可能会便秘。若出现大便变绿，则可能是腹泻或进食不足的表现，父母要留意。

5 有时候宝宝放屁带出点儿大便污染了肛门周围，偶尔也有大便中夹杂少量奶瓣，颜色发绿，这些都是偶然现象，妈妈不要紧张，关键是要注意宝宝的精神状态和食欲情况。只要宝宝精神佳，吃奶香，一般没什么问题。

❦ 贴心提示 ❦

如果宝宝长时间出现异常大便，如水样便、蛋花样便、脓血便、柏油便等，则表示宝宝有病，应及时去咨询医生并治疗。

宝宝大小便后如何处理

男宝宝

1 打开尿布，擦去尿液或粪便。

2 举起宝宝双腿（其中一个手指在其两踝之间），用温开水清洗宝宝肛门和屁股，去尿布。

3 用温开水清洁大腿根部及阴茎部的皮肤皱褶。注意清洁阴茎下和睾丸下面。清洁睾丸下面时，应轻轻托起睾丸，清洗阴茎时，应顺着阴茎皮肤，不要拉扯阴茎皮肤，不要将包皮上推。

4 用小干软毛巾抹干尿布区，并在肛门、臀部大腿内侧、睾丸附近擦上护臀霜。

女宝宝

1 打开尿布，擦去尿液和粪便。擦去粪便时应注意由前往后，不要污染外阴。擦洗大腿根注意由上而下，由内向外。

2 举起宝宝双腿，用温开水清洗宝宝的肛门和屁股。

3 清洗外阴部，注意要由前往后擦洗，防止肛门细菌进入阴道。

4 用小干软毛巾抹干尿布区，并可在肛门、臀部、阴唇外阴周围擦上护臀霜。

注意事项

1 用温开水去清洗臀部，忌用生水，以防病菌。

2 注意水的温度要适宜，用手背或肘部去试温，以不冷不热为准，忌过冷过热。

3 清洗臀部时，室温要适中。

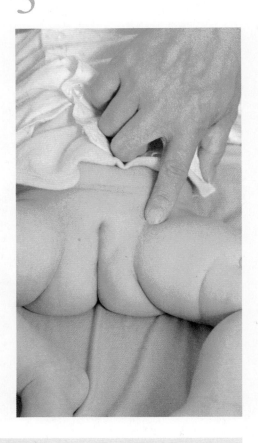

❧ 贴心提示 ❧

在清洗女宝宝外阴时，切记，不可清洗阴唇里边，以免感染，招致疾病。

如何给新生宝宝洗澡

在洗澡之前，妈妈先将自己的手洗干净，摘下戒指等硬物。准备好婴儿沐浴露、小毛巾、大浴巾、水温计、澡盆、换洗的衣服、尿布、脐带护理盒。

关闭门窗，以避免宝宝着凉，室内温度控制在25~28℃，冬天可打开空调或电暖气，以增加室内温度。

放洗澡水的时候，一定要遵循"先凉水后热水"的原则，让水的温度逐渐升上来。浴室中如果还有其他电器用品的话，记得一定要拔掉插头，以免宝宝有触电的危险。

放好洗澡水之后，可以拿温度计测一下，一般水温在38~40℃，或妈妈用手肘测试一下水温，略微感觉到温热，就差不多了。

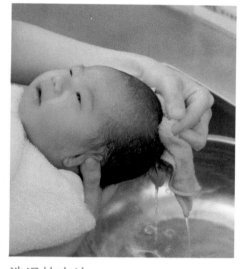

洗头的方法

妈妈坐在浴缸的边缘上，让宝宝横跨在妈妈的双腿上，面对着妈妈（如果宝宝害怕水，这是特别有用的）。利用方巾用水将头发打湿。以指腹轻轻按摩宝宝头皮（不要用手抓），同时要注意用手指头盖上宝宝的两只耳朵，以免耳朵进水。再用清水将头发冲洗干净，然后将方巾拧干，把头发擦干。

洗澡的方法

脱掉宝宝的衣服（洗头时不要全部脱掉，以免着凉），在入水之前，先用温水将方巾沾湿，轻轻地拍打一下宝宝的胸口、腹部，让宝宝对水有个初步的感觉，这样就不至于一入水而感到突然不适应。然后将宝宝放在浴盆中，下面垫一块柔软的浴巾或海绵，用手掌支起颈部，手指托住头后部，让头高出水面，再由上而下轻轻擦洗身体的每个部位。如皮肤皱褶处有胎脂，应细心地轻擦，若不易去除，可涂橄榄油或宝宝专用按摩油后轻轻擦去。

❀❀ 贴心提示 ❀❀

给新生儿、婴儿洗澡后不要擦爽身粉。如宝宝有潮红，可用煮沸冷却后的植物油或红霉素软膏涂擦。

Part 1 0~4个月 宝宝的最佳食物是母乳

宝宝的囟门如何护理

人的头颅是由两块顶骨、两块额骨、两块颞骨及枕骨等骨组成。宝宝出生时，这些骨骼还没有完全闭合，在头顶前形成一个菱角空隙为前囟门；在头顶后还有一个"人"形的空隙为后囟门。

宝宝出生时，前囟门为2.0厘米×2.0厘米大小，一般1~1.5周岁时闭合，后囟门一般在2~4个月就闭合。囟门是人体生理过程中的正常现象，用手触摸前囟门时有时会触及如脉搏一样的搏动感，这是由于皮下血管搏动引起的，未触动到搏动也是正常的。囟门同时又是一个观察疾病的窗口，医护人员在检查宝宝时常常摸摸囟门来判断一些疾病。所以说宝宝的囟门是可以触摸的，并不像很多新手爸妈所想的那样，囟门不能碰、不能清洗。

宝宝囟门若长时间不清洗，会堆积污垢，这很容易引起宝宝头皮感染，继而病原菌穿透没有骨结构的囟门而发生脑膜炎、脑炎，所以囟门的日常清洁护理非常重要。

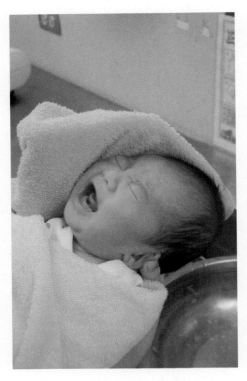

3 如果囟门处有污垢不易洗掉，可以先用麻油或精制油蒸熟后润湿浸透2~3小时，待这些污垢变软后再用无菌棉球按照头发的生长方向擦掉，并在洗净后扑以婴儿粉。

注意清洗

1 囟门的清洗可在洗澡时进行，可用宝宝专用洗发液而不宜用强碱肥皂，以免刺激头皮诱发湿疹或加重湿疹。

2 清洗时手指应平置在囟门处轻轻地揉洗，不应强力按压或强力搔抓，更不能以硬物在囟门处刮划。

贴心提示

正常的囟门表面与头颅表面深浅是一致的，或稍有一些凹陷。如果囟门过度凹陷，可能由于进食不足或长期呕吐、腹泻所造成的脱水引起的，最好去医院检查一下。

怎样护理新生宝宝的脐带

照顾新生宝宝，回家后头几天最需要注意的就是脐带护理。宝宝出生后7~10天，脐带会自动脱落，在脐带脱落前，为了避免脐带感染，一天至少要帮宝宝做3次脐带的护理。那么具体做法是怎样的呢？

用品准备

棉签、浓度为75%的医用乙醇、医用纱布、胶带。

护理方法

1 将双手洗净，一只手轻轻提起脐带的结扎线，另一只手用乙醇棉签仔细地在脐窝和脐带根部细细擦拭，使脐带不再与脐窝粘连，再用新的乙醇棉签从脐窝中心向外转圈擦拭消毒。

2 消毒完毕后把提过的结扎线也用乙醇消消毒。

3 脐带脱落后，仍要继续护理肚脐，每次先消毒肚脐中央，再消

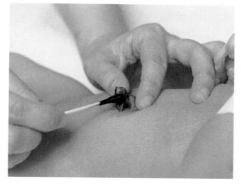

毒肚脐外围，直到确定脐带基部完全干燥才算完成。

4 如果脐带根部发红，或脐带脱落后伤口不愈合，脐窝湿润、流水、有脓性分泌物等现象，要立即将宝宝送往医院治疗。

5 妈妈还要注意，干瘪而未脱落的脐带很可能会让幼嫩的宝宝有磨痛感，因此妈妈在给宝宝穿衣、喂奶时注意不要碰到它。如果这个时期的宝宝突然大哭，又找不到其他原因，要检查一下是不是脐带磨疼他了。

贴心提示

一定要保证脐带和脐窝的干燥，因为即将脱落的脐带是一种坏死组织，很容易发生细菌感染。所以，脐带一旦被水或被尿液浸湿，要马上用干棉球或干净柔软的纱布擦干，然后用乙醇棉签消毒。脐带脱落之前，不能让宝宝泡在浴盆里洗澡。可以先洗上半身，擦干后再洗下半身。

宝宝脸上的粟粒疹能挤吗

有些宝宝出生后，脸上、身上容易出现一些大小约1毫米的白色小疹子，这到底是怎么回事呢？这叫"粟粒疹"。粟粒疹是长在宝宝鼻部和面颊上的一种细小的白色或黑色的突出在皮肤表面的皮疹，像粟粒一样。粟粒疹是不足3个月的新生宝宝的常见皮疹，主要是因为宝宝的皮脂腺功能尚未完全发育成熟所致。

怎样消除粟粒疹，能挤吗

什么都不用做。粟粒疹既不疼不痒，也不会自行感染，不用治疗。当死皮堆积在宝宝皮肤表面的小毛孔里，宝宝就会长粟粒疹。等到这些小疙瘩的表皮掉落，堆积的死皮脱下来，粟粒疹就会好了。因此，一般在两三周后粟粒疹就会自行消失。不过，有些粟粒疹也可能要到一两个月以后才能消失。

建议父母不要在宝宝的粟粒疹上抹任何油霜或药膏，更不要为了让粟粒疹快点消失而去挤掉，那样可能会留下疤痕。使劲擦洗也不行，不仅没用，而且还可能会刺激宝宝敏感的皮肤。

再次强调，切不可用手去挤捏宝宝的粟粒疹，以免引发皮肤感染等症状。

贴心提示

有些父母可能会觉得宝宝现在长了粟粒疹，长大就会长青春痘，事实上并不一定会这样。因为宝宝长不长青春痘跟遗传、环境和饮食等许多因素有关。如果父母青春期或成年后长过痘，那宝宝在青春期很可能也会长青春痘。

可不可以给新生宝宝枕枕头

正常情况下，新生宝宝睡觉时是不需要枕头的。因为新生宝宝的脊柱是直的，平躺时，背和后脑勺在同一平面上，不会造成肌肉紧绷从而导致落枕；加上新生宝宝的头大，几乎与肩同宽，侧卧也很自然，因此无须用枕头。如果头被垫高了，反而容易形成头颈弯曲，影响新生宝宝的呼吸和吞咽，甚至可能发生意外。如果为了防止吐奶，可以把新生宝宝的上半身适当垫高一些，而不是只用枕头将头部垫高。

3个月后可给宝宝枕枕头

宝宝长到3个月后开始学习抬头，脊柱颈段开始出现生理弯曲，同时随着躯体的发育，肩部也逐渐增宽。为了维持睡眠时的生理弯曲，保持身体舒适，就需要给宝宝用枕头了。

选择合适的枕头

高度：宝宝在3~4个月时可枕1厘米高的枕头，以后可根据宝宝不断地发育，逐渐调整枕头的高度。

软硬度：宝宝的枕头软硬度要合适。过硬易造成扁头、偏脸等畸形，还会把枕部的一圈头发枕掉而出现枕秃；过松而大的枕头，会使月龄较小的宝宝出现窒息的危险。

枕芯：枕芯的质地应用柔软、轻便、透气、吸湿性好的材料，可选择灯芯草、荞麦皮、蒲绒等材料填充，也可用茶叶、绿豆皮、晚蚕沙、竹菇、菊花、决明子等填充，塑料泡沫枕芯透气性差，最好不用。

大小：宽度与头长相等即可。

枕套：枕套最好用柔软的白色或浅色棉布制作，易吸湿透气。一般推荐使用纯苎麻，它在凉爽止汗、透气散热、吸湿排湿等方面效果最好。

贴心提示

枕芯一般不易清洗，所以要定期晾晒，最好每周晒一次。而且要经常活动枕芯内的填充物，保持松软、均匀。最好每年更换一次枕芯。

宝宝应该采取什么样的睡姿

宝宝的头型与枕头无关，与宝宝的睡姿有关。刚出生的宝宝，头颅骨尚未完全骨化，各个骨片之间仍有成长空隙，直到15个月左右时囟门闭合前，宝宝头部都有相当的可塑性。

所以妈妈要注意，千万不要让宝宝只习惯某一种睡姿，这样，宝宝头部某一方位的骨片由于长期承受整个头部重量的压力，其生长的形状必然会受影响，容易把头型睡偏。妈妈应该每2~3小时给宝宝更换1次睡眠姿势。一般认为，平卧和侧卧是宝宝最好的睡姿选择，能保证宝宝头部正常发育，睡出漂亮的头型。但是一定不能忘记，侧卧时，还是应采取左侧卧和右侧卧交替的方法。

给宝宝换睡姿的方法

宝宝在睡眠比较浅的时候不要动他，他会不接受，会哭闹不安，转到他喜欢的位置接着睡。在宝宝睡着15~20分钟，比较沉的时候，帮助他改变一下体位，是循序渐进的改变，开始少一点，然后再多一点。

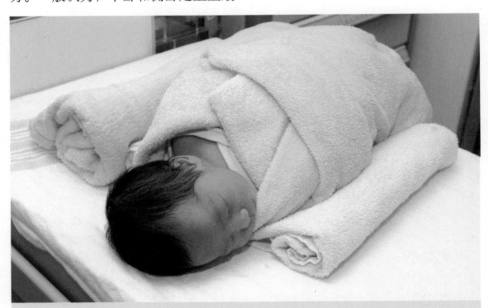

❀ 贴心提示 ❀

宝宝3个月后，妈妈可以给宝宝枕枕头，但这时的宝宝有足够的力量移动头部，通常在其进入睡眠状态后1小时左右，头往往会离开枕头。所以，妈妈必须经常关注和看护好睡眠中的宝宝，避免出现枕头滑开，遮住宝宝口鼻，而令宝宝发生意外的情况。

给宝宝戴饰物好吗

自古以来，人们都会给宝宝佩戴金锁、银锁、银手镯等饰品，上面还刻着"吉祥如意""长命百岁"等吉祥的祝福语，其中包含父母及亲朋好友对宝宝的祝福，希望他能健康、快乐地成长。但宝宝毕竟太小，佩戴金属类饰品难免会存在一些安全隐患。

首先，宝宝的皮肤非常娇嫩，所戴饰物会刺激摩擦局部皮肤，使皮肤受到损伤。一些低档首饰在造型上有尖、爪等，而且做工粗糙，有的接口不对位，有的毛坯打磨不光滑，容易刺激或刮伤皮肤。如果病菌侵入繁殖，还可能造成继发感染，引起全身性疾病。

其次，宝宝生性好动，常会把东西放进嘴里，通过咬来探索。一些首饰原料属于重金属，如金、银等，若把它们含在嘴里，可能会造成宝宝重金属中毒。此外，首饰上的一些细小饰物（如小铃铛）很容易被宝宝误吞到体内，或卡在喉咙，造成窒息。

所以，为了宝宝的安全，建议父母不要给宝宝戴饰品。可以将亲朋好友送的饰品放入首饰盒（宝宝专用）给宝宝保存好，等宝宝大点再戴。

不要给宝宝戴饰品

❀ 贴心提示 ❀

如果宝宝戴金属饰品后，接触部位出现红肿、丘疹、水疱等，极有可能是金属饰品引起了过敏反应，这时应及时将宝宝送医院诊治。

怎样礼貌地拒绝过多的探视者

我国有一些风俗习惯是在宝宝生下后3天、7天、满月时摆酒席庆贺，这时来往的亲朋好友很多，问候产妇、看看宝宝。这个亲一下，那个抱一抱，这样会把有些客人携带的病菌传给宝宝，使宝宝受到感染。

虽然在母体中获得的免疫能力能够让新生宝宝6个月内成功抵抗外部细菌的侵袭，但过多探视，成人呼吸道中的微生物可能成为新生宝宝的致病菌。新生宝宝的生活环境要安静舒适，空气新鲜，远离感染源。过多探视，对新妈妈产后恢复也不利，休息不好，乳汁分泌就减少，给母乳喂养带来困难。

所以，刚分娩后大家来探视，妈妈应该简短礼貌地回复大家的询问，尽量少说话多休息，或由家人出面接待。尤其是患有慢性病或感冒的亲友最好不要让其靠近探视产妇和宝宝。家人可以含蓄地告诉客人：宝宝正在睡觉，不然醒后哭闹，使得妈妈更加疲惫，或说现在感觉有点累等委婉的措辞。

在含蓄而委婉拒绝探视宝宝这个问题上，爸爸要发挥重要作用。爸爸可以提前用手机告诉亲朋好友适宜的探视时间，合理安排，避免人员过多、时间过长，以保证妈妈体力和精力的顺利恢复。

还可以提前通过E-mail、QQ等发信息告诉大家妈妈和宝宝的近况，表示要听从医生的话多注意休息，尽量避免探视，还可以用数码相机拍下宝宝的照片上传到论坛，让同事朋友一睹小宝贝的风采。

宝宝黄疸期间如何照看

由于只要超过生理性黄疸的范围就是病理性黄疸，因此出院后对宝宝的观察非常重要。以下是黄疸儿居家照顾须知：

1 仔细观察黄疸变化：黄疸是从头开始黄，从脚开始退，而眼睛是最早黄、最晚退的，所以可以先从眼睛观察起。如果不知如何看，建议可以按压身体任何部位，只要按压的皮肤处呈现白色就没有关系，是黄色就要注意了。

2 观察宝宝日常生活：只要觉得宝宝看起来越来越黄，精神及胃口都不好，或者体温不稳、嗜睡，容易尖声哭闹等状况，都要去医院检查。

3 注意宝宝大便的颜色：要注意宝宝大便的颜色，如果是肝脏胆道发生问题，大便会变白，但不是突然变白，而是越来越淡，如果再加上身体突然又黄起来，就必须去医院检查。

4 家里不要太暗：宝宝出院回家之后，尽量不要让家里太暗，窗帘不要都拉得太严实。白天宝宝接近窗户旁边的自然光，电灯开不开都没关系，不会有什么影响。

贴心提示

妈妈要注意勤喂母乳，因为有些宝宝出现黄疸是由喂食不足引起的。

Part 1 0~4个月 宝宝的最佳食物是母乳

新生宝宝要接种哪些疫苗

新生儿期需要注射卡介苗和乙肝疫苗。

卡介苗接种介绍

接种卡介苗可以增强宝宝对于结核病的抵抗力，预防严重结核病和结核性脑膜炎的发生。目前我国采用的是减毒活疫苗，安全有效。宝宝在出生后，就要及时接种卡介苗。

注射卡介苗的注意事项：接种后在接种部位有红色结节，伴有痛痒感，有时结节会变成脓包或溃烂。此类现象属疫苗的正常反应，一般2~3个月自行愈合。

注射卡介苗的禁忌：当新生宝宝患有高热、严重急性症状、免疫不全、出生时伴有严重先天性疾病、低体重、严重湿疹以及可疑的结核病时，不应接种卡介苗。

如果宝宝出生时没接种，可在2个月内到当地结核病防治所卡介苗门诊或者疾病预防控制中心的计划免疫门诊补种。

乙肝疫苗接种介绍

接种乙肝疫苗的目的是预防乙型肝炎。乙肝疫苗必须接种3次才可保证有效。一般时间为：第1次：24小时内；第2次：1个足月；第3次：6个足月。

注射乙肝疫苗的注意事项：接种后宝宝一般反应轻微，少数会有不超过38℃的低热，伴有恶心及全身不适。约10%的接种者在注射部位有局部发红、肿胀和硬结。一般不用处理，1~2天可自行消失。

注射乙肝疫苗的禁忌：患肝炎、发热、慢性严重疾病、过敏体质的宝宝禁用。如果是早产儿，则要在出生1个月后方可注射。

❧ 贴心提示 ❧

在宝宝接种前，新妈妈应准备好《儿童预防接种证》，这是宝宝接种疫苗的身份证明。以后妈妈为宝宝办理入托、入学时都需要查验。

疫苗接种后要注意观察什么

近年来，由于新闻或报纸杂志偶有因接种疫苗后产生猝死或严重并发症的例子，父母都会有些担心：接种疫苗后，会不会还没受到保护就已产生了不良反应？

疫苗接种后父母要观察宝宝是否产生不良反应，以便及时就医。

接种疫苗后的反应	接种疫苗后的照护方式
注射部位局部红肿、疼痛、硬块	注射后6~8小时发生肿痛，反应激烈者，会形成硬块。接种部位24小时内，可用冷敷减轻疼痛；24小时后，可用温敷消肿帮助吸收
发热未超过38.5℃	未超过38.5℃可以不用药物退烧，若发生高热不退，需及时就诊
烦躁不安、哭闹	大多在注射以后12小时内发作，可以持续1小时。安抚观察即可
长疹子	一般只要观察即可，偶尔才需使用到抗过敏药物。主要是因为有些疫苗中含有微量的新霉素和多粘菌素，应小心用于已知对这些抗生素过敏的患者
超过3小时以上的持续性哭闹	48小时以内发作，要特别注意食欲、活动力是否也跟着降低。若极度昏睡、低张力、全身虚脱或尿量减少，则必须就医，请医生处理
神经学病症	严重反应如痉挛、神经疾病及脑部疾病等极少发生
过敏性休克	发生率极低，通常为立即型过敏反应，可能危及生命

❧❧ 贴心提示 ❧❧

妈妈在给宝宝接种疫苗前一定要将宝宝的身体健康状况如实反映给医生，以便医生判断是否可以接种疫苗。

宝宝每天睡多长时间合适

年龄越小，需要的睡眠时间就越多。新生宝宝平均每天要睡18~20小时，除了吃奶之外，几乎全部时间都用来睡觉；2~3个月时每天睡16~18小时。

为什么随着年龄的增长，睡眠时间逐渐缩短呢？因为睡眠是一种生理性保护，由于新生宝宝视觉、听觉神经均发育不完善，对外界的各种声光刺激容易产生疲劳，所以睡眠时间长。随着年龄的增长，各系统发育逐渐完善，接受外界事物的能力和兴趣也增强，睡眠时间也逐渐缩短。

现代试验表明，当人在睡眠时生长激素分泌旺盛，这种生长激素正是使小儿得以发育、功能得到完善的重要因素。所以说婴幼儿时代，多睡对生长发育有很大的好处。但人与人之间都存在个体差异，不能强求一致，相同年龄的宝宝，每日睡眠时间可能会相差2~3小时。有些宝宝虽然睡觉少，但精力旺盛，食欲良好，没有一丝困倦的表现，那就不必担心。

如果宝宝不但睡得少，而且白天精神萎靡，不爱活动，那么做父母的就应好好找一找原因，是因为环境吵闹，还是床铺被褥不合适，需要立即加以调整。另外，一些宝宝在病后，特别是发热性疾病热退以后，机体需要恢复，睡眠时间可能会比平时延长，这是机体的正常调节，经过充足的睡眠，宝宝的身体就会很快复原了。

贴心提示

最好让宝宝养成按时睡觉的习惯，不要让他白天睡太多，以免晚上睡不着。

给宝宝按摩的方法

婴儿按摩不仅是父母与宝宝情感沟通的桥梁，还有利于宝宝的健康。妈妈要经常给宝宝按摩。

按摩前的准备工作

1 准备宝宝按摩油或乳液、铺在宝宝身下的柔软毛巾、一张曲调轻柔的音乐碟。

2 选择在宝宝吃过奶休息好后开始，不要宝宝刚吃完奶，就立即开始给他按摩。

3 将室温调到25℃左右。

4 为了不至于弄疼宝宝，妈妈需将指甲剪短，并用温水洗一下，再给宝宝按摩。

5 把宝宝放在小床上，也可让宝宝躺在妈妈的大腿上，然后以轻柔的声音对宝宝说话，令宝宝放松下来。

开始按摩了

1 从脚开始：握住宝宝的小脚，使妈妈的大拇指可以自如地在宝宝脚底来回揉搓，用轻柔的力道，按摩几分钟。随后可以顺着宝宝的小脚丫向腿部挺进：握住宝宝的小腿和大腿，让膝盖来回伸展几次，再用手掌在大腿和小脚丫之间抚摸。

2 按摩宝宝的上肢：手和胳膊的按摩和腿部按摩的方法相似：先握住宝宝的小手，用大拇指按摩掌心，其他指头按摩手背；然后分别握住宝宝的上臂和前臂，按摩几个来回；再在肩膀和指尖之间轻柔地按摩。这种按摩会促进宝宝的血液循环，如果一边按摩一边和宝宝说话，更能增加母子间的亲密感。

3 抚摸宝宝的脸：妈妈用柔软的食指和中指（注意不要留指甲），由中心向两侧抚摸宝宝的前额，然后顺着鼻梁向鼻尖滑行，从鼻尖滑向鼻子的两侧。多数宝宝会喜欢这种抚摸手法，他们以为是在做游戏，但是如果你的宝宝不喜欢这种抚摸游戏就先停止做这个动作，隔天不妨再试一试。

4 摸摸宝宝的小肚子：从宝宝的肩膀开始，由上至下按摩宝宝的胸部和肚子，然后用手掌以画圆圈的方式按摩。这种按摩方法可以促进宝宝

呼吸系统的发育，增大肺活量。随后让手掌以宝宝的肚脐为圆心按摩至少40次，对于常常肚子疼或是常常便秘的宝宝，这种按摩非常有效。

5 按摩宝宝的侧身：当宝宝转身的时候，不要错过按摩体侧的好时机；妈妈可以用虎口穴按着宝宝的侧面，从肩胛部开始，经胯骨再按摩至锁骨。

6 按摩宝宝的背部：给宝宝按摩背部的话，记得让宝宝抬起头来。宝宝保持这个姿势的时候，也可以轻轻地按摩宝宝的后脑勺，宝宝会用劲对抗这种压力，这样也可以锻炼宝宝

的颈部肌肉。另外，用双手顺着宝宝的肩膀一直按摩到屁股，会使宝宝特别放松。

7 给宝宝做个全身按摩：全身按摩就是给宝宝热身。妈妈坐在地板上，伸直双腿，为了安全起见可在腿上铺一块毛巾，让宝宝脸朝上躺在妈妈的腿上，头朝妈妈双脚的方向。在胸前打开再合拢宝宝的胳膊，这样做能使宝宝放松背部，并使肺部得到更好的呼吸。然后上下移动宝宝的双腿，模拟走路的样子，这个动作能使宝宝大脑得到刺激。

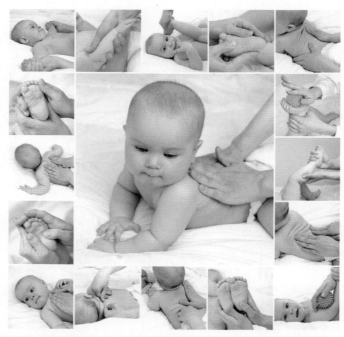

❀❀ 贴心提示 ❀❀

　　按摩不仅要注意手法，更要控制时间，一般不要超过30分钟；当宝宝不配合妈妈按摩时，应立即停止。

夜间如何对宝宝进行护理

宝宝夜间可能发生的问题

　　饥饿、口渴

　　憋尿、尿布潮湿

　　室温过冷或过热、衣服不舒适

　　被蚊虫叮咬

　　睡卧姿势不好，引起肢体疼痛麻木、呼吸困难等突发性疾病

宝宝就寝环境调适

　　想要确保宝宝舒适入睡，先要调适好室内的温度、环境。

　　窗户：睡前开窗通风，入睡时就将窗户关起来。如夜里开窗，也尽量不要让宝宝睡在风口。

　　婴儿床：不要放置在窗户下或空调风口下。

　　睡衣、寝具：避免宝宝裸体睡觉，保护好宝宝的小肚子。天气凉爽时可让宝宝穿着透气性好的长袖衣服、长裤；天热则可用薄单将宝宝的肚子围起。

　　空调：风向不对着宝宝的床，睡觉时尽量将空调调整到自然风和微风状态。

唾手可得的必需品清单

必需品名称	使用方法
哺乳用品	母乳喂养：母乳喂养的宝宝比较省事，妈妈哺乳前只要用事先准备好的干净的毛巾擦拭乳房即可进行授乳
	人工喂养：需要准备奶瓶1~2个；冷热纯净水（以便调成泡奶的温水）、奶粉。这些东西最好离床头柜、床前灯、婴儿床远一些，以免睡得迷迷糊糊的把热水碰洒，伤害或惊吓到宝宝
尿布	为了防止宝宝得尿布疹，夜间也要注意更换尿布。尽量备足尿布数量后将其放在伸手可及的地方，比如你的枕边或婴儿床的下方
毛巾／衣物	宝宝吐奶或授乳时碰洒等都可能污染宝宝的衣物。所以，每晚妈妈要准备一两条毛巾和一两件衣服放在床头柜的抽屉里
干／湿纸巾	清理大小便、喂奶、倒水都少不了纸巾
安抚用品	可以选一样宝宝最爱的小东西（玩具）放在容易够到的地方，用于晚上安抚兴奋的宝宝。音乐风铃和胎教音乐也可以达到相同的目的
常用药品及温度计	基本的测温仪器及常用药品应该放置在卧室的小抽屉里，以备不时之需

宝宝睡觉昼夜颠倒如何调整

了解宝宝的睡眠规律

要了解宝宝的睡眠规律，但不要过多地打搅他。当宝宝在睡眠周期之间醒来时，不要立刻抱起、哄、拍或与他玩耍，这样很容易形成宝宝每夜必醒的习惯。只要不是喂奶时间，可轻拍宝宝或轻唱催眠曲，不要开灯，让夜醒的宝宝尽快入睡。在后半夜，如果宝宝睡得很香也不哭闹，可以不喂奶。随着宝宝的月龄增长，逐渐过渡到夜间不换尿布、不喂奶。如果妈妈总是不分昼夜地护理宝宝，那么宝宝也就会养成不分昼夜的生活习惯。

让宝宝养成按时睡眠的好习惯

宝宝睡觉是生理的需要，当他的身体能量消耗到一定程度时，自然就要求睡觉了。因此，每当宝宝到了睡觉的时间，只要把他放在小床上，保持安静，他躺下去一会儿就会睡着；如果暂时没睡着，让他睁着眼睛躺在床上，不要逗他，保持室内安静，等不了多久，宝宝也会自然入睡。

建立一套睡前模式

先给宝宝洗个热水澡，换上睡衣；然后给宝宝喂奶，吃完奶后不要马上入睡，应待半个小时左右，此期间可拍嗝，顺便与宝宝说说话，念1~2首儿歌，把1次尿，然后播放固定的催眠曲（可用胎教时听过的音乐）；随后关灯，此后就不要打扰宝宝了。

白天睡多长时间

试着限制宝宝白天的睡眠时间，以1次不超过3小时为宜。弄醒宝宝的方法有很多，如打开衣被换尿布、触摸皮肤、挠脚心、抱起说话等。

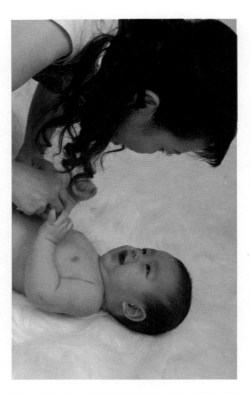

❧ 贴心提示 ❧

有的父母常常抱着宝宝睡觉，手拍着宝宝，嘴里哼着儿歌，脚不停地来回走动；或给宝宝空奶嘴吸吮，引诱宝宝入睡，这些行为容易使宝宝养成依赖大人、缺乏自理能力的不良习惯。

宝宝头睡偏了怎么办

宝宝出生后，头颅都是正常对称的，但由于婴幼儿时期骨质密度低，骨骼发育又快，囟门未闭合，所以在发育过程中极易受到外界条件的影响。1岁之内的宝宝，每天的睡眠占了一大半的时间。如果睡觉时宝宝总把头侧向一边，受压一侧的枕骨就变得扁平，出现头颅不对称的现象。所以，从宝宝出生开始，妈妈就要有意识地预防宝宝睡偏头。

睡偏头和宝宝的睡眠姿势有关，妈妈们都知道最好不要让宝宝采取俯睡的睡眠姿势，那么是要仰睡还是侧睡则需根据宝宝的个人喜好和情况来决定了。通常仰睡不会引起睡偏头。

如果宝宝是侧睡的话，首先要注意宝宝睡眠时头部位置，保持枕部两侧受力均匀。另外，宝宝睡觉时习惯于面向妈妈，吃奶时也把头转向妈妈一侧。为了防止宝宝睡偏头，妈妈应该经常和宝宝调换睡觉的位置，这样，宝宝就不会把头转向固定的一侧。

如果宝宝已经睡偏了头，妈妈也应用上述方法进行纠正，即经常更换宝宝的睡姿。若宝宝超过了1岁半，骨骼发育的自我调整便很困难，偏头不易纠正，进而影响宝宝的外观美。所以，妈妈一定要在1岁之前就纠正宝宝的偏头现象。

贴心提示

仰卧可以预防睡偏头，但长期仰睡可把后脑睡成扁头，这对脑神经、血管、细胞、骨骼等的生长和发育不利，所以妈妈要经常更换宝宝的睡姿。

从宝宝入睡状态看健康状况

宝宝的健康状况或疾病的潜伏与发作，都可以从宝宝的睡眠状态中观察到。妈妈经常仔细观察宝宝的睡眠，可以及时了解其健康状况，早些发现疾病，及时排除或就医治疗。

正常睡眠

宝宝正常的睡眠是入睡后安静，睡得很实，呼吸平稳，头部略有微汗，面目舒展，时而还有微笑的表情。

异常睡眠

如果宝宝出现下列睡眠现象，可能是一些疾病潜伏或发病的征兆，要引起重视。

1 睡眠不安，时而哭闹乱动，不能沉睡。这种情况通常是由于宝宝白天受到不良刺激，如惊恐、劳累等引起的。所以平时不要吓唬宝宝，不要让宝宝过于劳累。

2 全身干涩发烫，呼吸急促，脉搏比正常者要快。这预示着宝宝即将发热。注意给他补充水分。

3 入睡后易醒，头部多汗，时常浸湿头发、枕头，出现痛苦难受的表情，睡时抓耳挠腮，四肢不时乱动，有时惊叫。出现这种情况，宝宝可能患有外耳道炎、湿疹或是中耳炎。应该及时检查宝宝的耳道有无红肿现象，皮肤是否有红点出现，如果有的话，要及时将宝宝送医院诊治。

父母要注意，有些宝宝睡眠异常现象并不是病理的，比如有些宝宝晚上睡眠后出现惊哭是由于白天兴奋过度或者做噩梦所致；有些宝宝入睡时突然滚动或哭闹则可能是排尿的表现。对这些现象父母们应有针对性地处理。

贴心提示

等到宝宝再大点时，可能晚上还会有不断咀嚼的情况。这可能是宝宝得了蛔虫病，或是白天吃得太多，消化不良。可以去医院检查一下。

宝宝爱吃手正常吗？需要注意什么

一般来说，婴儿期的宝宝如果有啃手指的行为，是正常现象，不是病，长大后也不会养成吃手的习惯，爸爸妈妈不必担心，没必要强行阻止，但要经常帮宝宝洗手，保持宝宝手部的卫生。

父母发现宝宝一直啃手指难免忧愁，一来担心不卫生，二来还担心会对宝宝牙齿的发育不好。可要阻止吧，也不忍心宝宝因此不高兴，到底吃手有没有坏处呢？

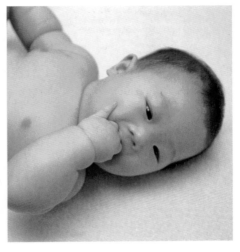

当宝宝能把手放在嘴巴里啃的时候，说明宝宝运动和控制能力已经很协调了，这是智力发展的一种信号。此外，宝宝咬着自己的小手睡觉会有很大的安全感，能满足他吸吮、舔啃的心理需求。如果婴儿期啃手指的行为受到强制约束，口敏感期的需求得不到满足，宝宝长大后可能形成具有攻击性的性格。

不过，也应避免宝宝对啃手产生依赖，可做一些预防措施，不要让宝宝2~3岁还要啃手指，这时要纠正就很困难了。父母可以参考以下预防措施：

1 妈妈应尽量亲自给宝宝喂母乳，让宝宝体验亲情的温暖。

2 奶嘴要合适，以满足宝宝长时间吸吮的需要。

3 宝宝睡醒后不要让他单独在床上太久，以免宝宝感到无聊而把手放进嘴里。

4 当宝宝有啃手指的倾向时，多用玩具逗逗他，多跟他说话、唱歌、玩积木或看书等，让宝宝忘记吮手指。

贴心提示

2~3个月开始宝宝喜欢吸吮手指，属正常行为，一般到8~9个月后就不再吮手指了。如果宝宝继续吸吮，就必须引起注意，父母要耐心帮他纠正。

宝宝老让人抱着睡，放下就哭怎么办

"抱睡"是宝宝过分依恋的表现

喜欢被妈妈抱在怀里是宝宝的天性。在妈妈的怀里，宝宝会感到最安全、最幸福。但是家人若是一味地迁就宝宝，一哭就抱或者抱在手上哄着睡，甚至睡着了也不放下，慢慢地，宝宝就有了过分依恋即依赖心理，最后就变成只有抱着才肯睡觉了。特别是当宝宝半夜醒来时得不到妈妈的安慰，他就很难再自己入睡，这对培养宝宝独立入睡的习惯和形成夜间深睡眠、浅睡眠的自然转换都会造成不良影响。

妈妈应该让宝宝独睡

父母应该从宝宝很小开始，慢慢让宝宝自己在婴儿床上睡觉，逐步培养宝宝独立入睡的能力。另外，妈妈在宝宝睡前一定要做好准备工作，如果宝宝是饿着肚子或憋着尿入睡，又或者是环境太冷、太热，肯定是睡不好的。

让宝宝渐渐习惯妈妈不在身边

妈妈应在适当的情况下，和宝宝一天分离两三小时，但是妈妈不要突然消失，也不要突然出现。比如妈妈需要去外面买点东西不方便带上宝宝，妈妈可以跟宝宝说："宝宝，妈妈出去买点东西，一会儿就回来啊！"然后把宝宝交给婆婆或其他家人看一两个小时。回来后要记得亲亲宝宝，并对宝宝说："宝宝，妈妈回来了。"让宝宝慢慢地习惯妈妈在身边是正常的，妈妈不在身边也是正常的。否则就有可能引起宝宝的心理不稳定。

❧ 贴心提示 ❧

"抱睡"不利于宝宝独立个性的培养，也不利于养成良好的睡眠习惯，长期"抱睡"还不利于宝宝脊柱的正常发育。有的妈妈喜欢边抱边晃宝宝，这很容易使宝宝脑部受损。

逗笑宝宝应注意什么

爱笑的宝宝长大后多性格开朗，有乐观稳定的情绪，这非常有利于其发展人际交往能力，使其更乐于探索，好奇心比较强，这样会使宝宝学到更多的知识，就更有利于宝宝的智力发展。情绪好，生长激素分泌好，健康少生病，更有利于体格的生长发育，使其更加健康。

笑是宝宝愉快情绪的表现，让宝宝经常展开笑容，将使宝宝更容易开放心理空间，接受、容纳更多的外界信息，并且乐意接近他人，有利于培养良好的情绪情感。所以，父母学会逗笑宝宝，对宝宝特别有益。不过，逗宝宝发笑也是一门学问，需要把握好时机、强度与方法。不是任何时候都可以逗宝宝发笑的，如进食时逗笑容易导致食物误入气管引发呛咳甚至窒息，晚睡前逗笑可能诱发宝宝失眠或者夜哭。另外，逗笑要适度，过度大笑可能使婴幼儿发生瞬间窒息、缺氧、暂时性脑贫血而损伤大脑，或者引起下颌关节脱臼。

如何逗笑宝宝

1 多向宝宝微笑，或给以新奇的玩具、画片等激发其天真快乐的反应，让宝宝早笑、多笑。

2 用手帕盖住宝宝的脸，几秒钟后，迅速扯下手帕，同时，发出喵的叫声，宝宝的眼睛会一亮，接下来就是咯咯直笑。

3 妈妈可以动一动脑筋，在实践中摸索出更多让宝宝咯咯笑的办法。

❀ 贴心提示 ❀

虽然多笑对宝宝很有利，但大笑有损身体健康，容易发生意外，所以，大人在逗宝宝笑时，一定要把握好分寸和尺度。

宝宝的衣物如何清洗消毒

宝宝的衣服沾到奶渍、便便等，要如何清洗

奶渍千万不可用热水清洗，因为牛奶中的蛋白质遇热凝固的特性，会让衣物上的奶渍更难脱落，应选用冷水洗。此外，如果衣服不慎弄脏，可以先在脏污处涂抹上洗衣肥皂，接着，不要急着冲水，先静置10分钟后再用手轻轻搓揉冲洗。

是否要用宝宝专用洗衣液

清洗宝宝的衣物应用婴儿或儿童专用的洗衣液或洗涤用品，包括洗衣皂、柔顺剂等。注意洗涤成分中不要含有磷、铝、荧光增白剂等有害物质。

手洗要冲多久才算干净

冲到没有泡泡产生为止。衣物清洁剂容易让化学物质残留在衣物上，造成衣物纤维残留洗衣精、漂白水、柔软剂等成分，对于皮肤较敏感的宝宝来说，很容易引起接触性皮肤炎。建议在冲洗衣物的时候，多冲洗几次让衣服几乎不会再产生泡泡，才算冲洗干净。

如何消毒

宝宝衣服洗好后用开水烫一下，一方面是为了避免白色衣物变黄，另一方面又起到了去奶味和杀菌的作用，还可以恢复衣物的柔软度，但必须是在衣物质量允许的情况下才行。有条件的可以放到阳光处晒干。

❧ 贴心提示 ❧

宝宝的衣物不应与大人的衣物混洗，如果是内衣和外衣同洗，也要先洗内衣，再洗外衣，并且注意不要同时将它们浸泡在一起。

怎样清理宝宝的鼻屎

空气中的许多尘埃会随着呼吸进入鼻腔，可宝宝的鼻纤毛发育还不完善，不能及时把鼻腔里的脏东西排出去，使宝宝很不舒适甚至影响呼吸。情急之下妈妈用自己的手指去抠，但这样做容易伤到宝宝。

清理宝宝鼻屎的正常方法

1 准备吸鼻器（婴幼儿用品专卖店有出售）、小毛巾、小脸盆、细棉棍等用具。

2 将小脸盆里倒好温水，把小毛巾浸湿、拧干，放在鼻腔局部热敷。也可用细棉棍蘸少许温水(甩掉水滴，以防宝宝吸入)，轻轻湿润鼻腔外1/3处，注意不要太深，避免引起宝宝不适。

3 使用吸鼻器时，妈妈先用手捏住吸鼻器的皮球将软囊内的空气排出，捏住不松手。一只手轻轻固定宝宝的头部，另一只手将吸鼻器轻轻放入宝宝鼻腔里。

4 松开软囊将脏东西吸出，反复几次直到吸净为止。

如果家里没有准备吸鼻器，妈妈可在宝宝鼻孔内滴入少量凉开水或一些消炎的滴鼻液或眼药水，待污垢软化后再轻轻捏一捏宝宝的鼻孔外面，鼻屎有可能会脱落，或诱发宝宝打喷嚏将其清除。

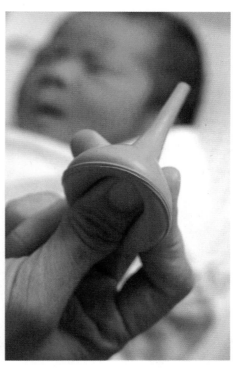

❧❧ 贴心提示 ❧❧

使用湿润棉棍和吸鼻器时，要轻轻固定好宝宝的头部，避免突然摆动；使用吸鼻器后，宝宝头部可与软囊分开，用温水和柔和清洁剂清洗，再用清水洗干净，晾干备用。

让宝宝游泳应注意什么

1 首先必须经过体格检查，患有特殊疾病的宝宝，必须经过医生的允许，方可参加游泳。

2 看宝宝是否吃饱，通常要在宝宝吃奶后半小时到1小时。

3 水温要在36~38℃，月龄小的宝宝水温高一些，月龄大的宝宝水温低一些。

4 宝宝游泳应在大澡盆或游泳池内进行，要由大人带着一起下水。开始扶住宝宝腋下在水中上下浮动，也可以平卧在水中而露出头部。宝宝习惯后，可以托住他的头和身体在水中移动前进，让四肢自由划动。让宝宝入水时有一个适应的过程，千万不可直接放入水中，避免惊吓宝宝。

5 在宝宝游泳时，妈妈不能离开宝宝半臂之内，不能暂时丢下宝宝去接电话、开门、关火等，如果必须去，一定要把宝宝用浴巾包好抱在手里，以防止意外发生。

6 在每次游泳前，应做好辅助器材的准备工作。辅助器材包括充气背带，泡沫塑料制作的浮具，一些能在水上漂浮的、色彩鲜艳的儿童玩具。用游泳圈的话，注意泳圈的型号和宝宝是否匹配，泳圈的内径要稍稍大于宝宝的颈围。给宝宝套圈时动作要轻柔，入水时动作要缓慢。

7 宝宝游泳最多每星期2次，每次15分钟左右就好。泳池里的水一定要坚持换新的，特别是有味道的水。如果游泳圈有塑胶味，就在里面放点水浸泡几天等味道消失了再给宝宝用。

宝宝身上长痱子怎么办

宝宝皮肤娇嫩，往往很容易生痱子，父母一定要特别注意。痱子初起时是针尖大小的红色丘疹，突出于皮肤，圆形或尖形。月份较大的宝宝会用手去抓痒，皮肤常常被抓破，发生继发皮肤感染，最终形成疖肿。痱子的防治方法主要有：

1 经常用温水洗澡，浴后揩干，扑撒痱子粉。痱子粉要扑撒均匀，不要过厚。不能用肥皂和热水烫洗痱子。出汗时不能用冷水擦浴。如出现痱疖时，不可再用痱子粉，需在医生指导下使用外用药。

2 宝宝衣着应宽大通风，保持皮肤干燥，对肥胖儿、高热的宝宝，以及体质虚弱多汗的宝宝，要多洗温水澡，加强护理。

3 痛痒时应防止搔抓，可将宝宝的指甲剪短，也可采用止痒敛汗消炎的药物（最好咨询医生后使用），以防继发感染引起痱疖。

4 宝宝应避免吃、喝过热的食品，以免出汗太多。如果宝宝因缺钙而引起多汗，应在医生的指导下服用维生素D制剂、钙剂。

5 在暑伏季节，宝宝的活动场所及居室要通风，并要采取适当的方法降温。宝宝睡觉时要常换姿势，出汗多时要及时擦去。

注意，如果痱子没来得及处理好，出现了脓肿，妈妈不要自行擦药膏，应及时去医院诊治。

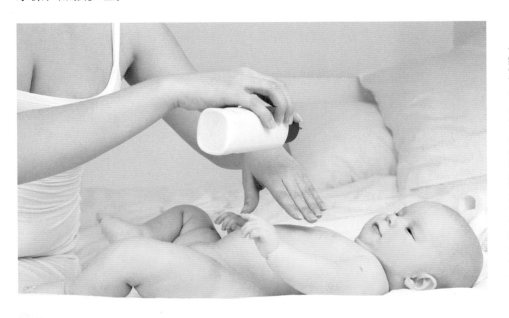

为宝宝防蚊用什么办法好

防蚊方法的选择

不能使用蚊香和杀虫剂来防蚊。蚊香毒性虽不大，但由于婴幼儿的新陈代谢旺盛，皮肤的吸收能力也强，使用蚊香对宝宝身体健康有碍，最好不要常用，如果一定要用，尽量放在通风好的地方，切忌长时间使用。

宝宝房间绝对禁止喷洒杀虫剂。妈妈可以在暖气罩、卫生间角落等房间死角定期喷洒杀虫剂，但要在宝宝不在的时候喷洒，并注意通风。

考虑到宝宝的健康，妈妈最好采用蚊帐来防蚊虫。

此外，妈妈还可巧妙地利用植物来防蚊。如把橘子皮、柳橙皮晾干后包在丝袜中放在墙角，散发出来的气味既防蚊又清新了空气；把天竺葵精油(4滴)滴于杏仁油(10毫升)中，混合均匀，涂抹于宝宝手脚部（脸部可少涂一些），宝宝外出或睡觉时可防蚊子叮咬；买一盏香熏炉，滴几滴薰衣草或尤加利精油，空气清新又能防蚊，但香味维持的时间一般只有1~3小时，妈妈要掌握好时间。

宝宝被蚊子咬后

一般的处理方法主要是止痒，可外涂虫咬水、复方炉甘石洗剂，也可用市售的止痒清凉油等外涂药物，或涂一点点花露水也行，但要注意花露水需用水稀释一下。

如果宝宝皮肤上被叮咬的数量过多，症状较重或有继发感染，最好尽快送宝宝去医院就诊。可遵医嘱内服抗生素消炎，同时及时清洗并消毒被叮咬的部位，适量涂抹红霉素软膏。

婴儿用花露水一定要稀释

宝宝皮肤细嫩，容易被蚊虫叮咬，看着宝贝胳膊上、腿上的红肿大包，父母心疼之余，会马上拿来花露水，涂抹在大包上。殊不知，成人花露水中刺激性成分浓度较高，不宜直接抹在宝宝皮肤上，在使用前应先用5倍的水稀释。如果条件允许，选择宝宝专用的花露水更好些。

同时，花露水含有食用乙醇，在保存花露水时应注意，由于花露水有易燃性，切勿将花露水在强阳光下放置。

花露水的妙用

1 洗衣服时在水中加2滴花露水浸泡15分钟，可以杀菌且衣物留香。

2 将花露水滴进水中擦拭家居用品如电话、手机、凉席等也能杀菌清洁。

3 洗澡或洗头时，在水中加几滴花露水，可以起到清凉杀菌、去痱止痒的效果。

宝宝怎样吹电扇、空调

夏天比较闷热，使用电风扇或空调可以散热、通风，以达到凉爽、舒适的目的，但妈妈又担心吹电扇、空调，容易引起宝宝感冒。其实，只要注意正确的使用方法，所谓的"空调病"还是可以避免的，对防止宝宝中暑、长痱子也有帮助。

正确使用电扇、空调

1 电扇要安置在离宝宝远一些的地方，千万不能直接对着宝宝吹，应选择适当的地方放置电扇，使空气流通，室温降低，并达到散热的目的。

2 给宝宝吹电扇的时间不能太长，风量也不能太大。

3 在宝宝吃饭睡觉时绝对不能直接对着电扇吹。

4 如果使用空调，则空调的温度不要调得太低，以室温26℃为宜；室内外温差不宜过大，比室外低3~5℃为佳。另外，夜间气温低，应及时调整空调温度。

5 由于空调房间内的空气较干燥，应及时给宝宝补充水分，并加强对干燥皮肤的护理。

6 每天至少为宝宝测量一次体温。

7 定时给房间通风，至少早晚各1次，每次10~20分钟。大人应避免在室内吸烟。如宝宝是过敏体质或呼吸系统有问题，可在室内装空气净化机，以改善空气质量。

8 空调的除湿功能要充分利用，它不会使室温降得过低，又可使人感到很舒适。

9 出入空调房，要随时给宝宝增减衣服。

10 不要让宝宝整天都待在空调房间里，每天清晨和黄昏室外气温较低时，最好带宝宝到户外活动，可让宝宝呼吸新鲜空气，进行日光浴，加强身体的适应能力。

> ❧❦ **贴心提示** ❧❦
>
> 空调最好选择健康型的，如能更换空气，有负离子光触媒等功能的空调。

如何给宝宝把大小便

学习把大小便是训练宝宝生活自理能力的第一堂启蒙课，从两个月开始就可以训练宝宝把尿。

第1步：准备好宝宝的便盆。第2步：两手抱起宝宝，手要放在宝宝的大腿和小腿之间，即在膝盖部位，帮宝宝将两腿分开。第3步：让宝宝的头和背靠在你的胸前。第4步：宝宝开始便便了（3分钟）。第5步：用干净柔软的纸巾擦净宝宝的臀部，大便后用清水洗臀部。第6步：为宝宝包好尿布，穿好裤子。

把大小便的诀窍

1 父母在把大小便时用声音作为强化的条件刺激，如用"嘘嘘"的声音诱导宝宝尿尿，"嗯嗯嗯"的声音促进宝宝便便，开始时宝宝不一定配合，这时妈妈不要过于强求，一定要有耐心地定时加以训练，宝宝会慢慢形成大小便条件反射。

2 给宝宝把大小便时，可以给宝宝唱儿歌听（把宝宝，把宝宝，爸爸把来妈妈把，把得宝宝笑嘎嘎，宝宝尿尿了，宝宝便便了）。

3 一般来讲，在宝宝睡醒之后和宝宝吃饱后把大小便比较顺利。宝宝醒着时，可观察宝宝排便前的表情或反应，如哼哼声、左右摆动、发抖、皱眉、哭闹、烦躁不安、放气、不专心吃奶等，应及时把大小便。

4 依照宝宝的排尿规律，白天把尿的次数可多些，夜间次数少些。但把小便的次数不要太勤，把小便勤了不利于宝宝膀胱储存功能的建立。随着宝宝月龄的增加，2小时把1次即可。

Part 1 0~4个月 宝宝的最佳食物是母乳

贴心提示

注意在给宝宝把尿时如果宝宝没有便意，就过一会儿再试，不要为了节省一块尿布，使宝宝长时间处于把尿的姿势，这样会使宝宝的心里产生排斥和厌倦的情绪。

给宝宝喂药的方法与技巧

宝宝的吞咽能力差，而且味觉特别灵敏，对苦涩的药物往往拒绝服用，或者服后即吐，很难与大人配合。这个时候，妈妈应该找到正确的方法，才能顺利地给宝宝喂药。

给宝宝喂药的注意事项

1 在给宝宝喂药前要先检查药袋上的名字、服用方式、不良反应及成分、日期，以及是饭前吃还是饭后吃，两次吃药的时间至少间隔4小时以上。

2 如果有疑问应及时向开药的医生咨询，切不可自己想当然。

3 成人用药不能随便给宝宝吃，即使减量也不可以。

4 有一些药物有一定的不良反应，服药后要小心观察。

5 有些体质过敏的宝宝，在服用退热、止痛药或抗癫痫药物后可能有过敏反应，一旦发现宝宝服药后有任何不适，就要立即停药并咨询医生。

顺利喂药的技巧

为了防止呛咳，可将宝宝的头与肩部适当抬高。先用拇指轻压宝宝的下唇，使其张口（有时抚摸宝宝的面颊，宝宝也会张口）。然后将药液吸入滴管或橡皮奶头内，利用宝宝吸吮的本能吮吸药液。

有些宝宝常因药苦或气味强烈而不敢服用，这时可采用一些不会影响药物效果，又可以让宝宝安心服下药物的方法，如有些药物可加入果汁或糖浆一起服用。有些妈妈喜欢把药物加到牛奶里给宝宝吃，这样做是完全错误的。因为很多药物不适合与牛奶一起服用，否则会降低药物的功效。

服完药后再喂些水，尽量将口中的余液全部咽下。如果宝宝不肯吞咽，则可用两指轻捏宝宝的双颊，帮助其吞咽。服药后要将宝宝抱起，轻拍其背部，以排出胃内空气。

❀ 贴心提示 ❀

妈妈绝不可强行给宝宝灌药，以免发生意外。

Part 2

4~12个月
宝宝断奶与辅食添加

4~12个月宝宝身体发育情况

月 龄	身 长	体 重	头 围	胸 围
4~5个月宝宝	60.9~71.6厘米	5.9~9.7千克	39.7~45.4厘米	38.1~46.8厘米
5~6个月宝宝	62.4~73.2厘米	6.2~10.3千克	40.4~45.6厘米	38.9~48.1厘米
6~7个月宝宝	63.6~74.7厘米	6.4~10.7千克	41.2~47.6厘米	39.7~49.1厘米
7~8个月宝宝	65.4~76.5厘米	6.7~11.0千克	41.5~47.7厘米	40.1~49.4厘米
8~9个月宝宝	66.5~77.5厘米	6.8~11.4千克	42.1~48.0厘米	40.4~49.6厘米
9~10个月宝宝	67.7~78.9厘米	7.1~11.5千克	42.4~48.4厘米	40.7~49.9厘米
10~11个月宝宝	68.8~80.5厘米	7.2~11.9千克	42.6~48.9厘米	41.1~50.2厘米
11~12个月宝宝	70.3~82.7厘米	7.4~12.2千克	43.0~49.1厘米	41.4~50.5厘米

4~12个月聪明宝宝怎么吃

4~5个月宝宝

宝宝哺喂指导

在宝宝喂奶问题上，如果5个月哺乳妈妈的奶量仍然充足，可以继续母乳喂养，可不必以配方奶来补充。总的来说，本月宝宝的主食仍以母乳或配方奶为主。

由于宝宝的消化器官、功能逐渐完善，而且宝宝的活动量不断增加，消耗的热量也增多，因此宝宝的辅食需要再丰富一些，让他尝试更多的辅食种类。在添加果泥、蔬菜泥的基础上，可以再添加一些稀粥或汤面，还可以开始添加鱼肉，具体添加食物应根据宝宝的消化情况来定。每添加一种新的食品，都要先观察宝宝的消化情况，如果出现腹泻，就要立即停止添加或暂缓添加这种食物。

5个月宝宝需要补铁，否则可能出现缺铁性贫血，不妨给宝宝添加点蛋黄。

宝宝一日饮食安排

上午	下午	晚上
6:00（母乳） 8:00（蔬菜泥） 10:00（母乳） 12:00（水果泥）	14:00（牛奶+蛋黄） 16:00（母乳） 18:00（辅食）	21:00（母乳） 24:00（母乳）
注：每次母乳添加量为：150~200毫升 每天1次给宝宝喂食适量鱼肝油，并保证饮用适量白开水		

5~6个月宝宝

宝宝哺喂指导

母乳喂养的宝宝，6个月会开始对乳汁以外的食物感兴趣，看到成人吃饭时会伸手去抓或嘴唇动、流口水，这时爸爸妈妈可以考虑给宝宝添加辅食，为断奶做准备。

有的宝宝已经开始吃辅食了，甚至已经长出了一两颗乳牙。为训练宝宝的咀嚼能力，宝宝的辅食颗粒可以略粗一些，比如将豆腐、熟土豆、蔬菜煮熟切丁。

这一时期宝宝初步进入断奶期，可以给一些动物性食品，如鱼泥、肉泥等；还应吃些补充热量的食物，如烂粥、烂面条等。

要注意的是，不要给宝宝频繁地喂米粥，米粥的营养价值比较低，吃得过多还会导致婴儿肥胖。

宝宝一日饮食安排

上午	下午	晚上
6:00（母乳） 8:00（蔬菜泥） 10:00（母乳+辅食） 12:00（水果泥）	15:00（母乳） 18:00（辅食）	21:00（母乳） 24:00（母乳）
注：每次母乳添加量为：150~200毫升 每天1次给宝宝喂食适量鱼肝油，并保证饮用适量白开水		

6~8个月宝宝

宝宝哺喂指导

从第7个月起，母乳已经不能完全满足宝宝生长的需要，同时乳牙萌出，有了咀嚼能力，舌头也有了搅拌食物的功能，给宝宝添加其他食品越来越重要。到第8个月，宝宝对食物会显示出比较多的个人爱好，应培养宝宝慢慢适应半固体食物，逐步进入断奶阶段。

7~8个月的宝宝在每日奶量不低于500毫升的前提下，应逐渐减少两次奶量，用代乳食品来代替。喂食的

类别上可以开始以谷物类为主食，配上蛋黄、鱼肉或肉泥，以及碎菜或胡萝卜泥等做成的辅食。以此为原则，在做法上要经常变换花样，并搭配些香蕉、苹果、梨等碎水果。

此阶段可以让宝宝咬嚼些稍硬的食物，如较酥脆的饼干，来促进牙齿和颌骨的发育。

具体喂法上仍然坚持母乳或配方奶为主，但哺喂顺序与以前相反，先喂辅食，再哺乳，而且推荐采用主辅混合的新方式，为以后断母乳做准备。

宝宝一日饮食安排（6~7个月宝宝）

时间	用量
6:00	母乳或配方奶200~220毫升，馒头片（面包片）15克
9:30	饼干15克，母乳或配方奶120毫升
12:00	辅食（粥）40~60克
15:00	面包15克，母乳或配方奶150毫升
18:30	辅食（面）60~80克，水果泥20克
21:00	母乳或配方奶200~220毫升
注：每天1次给宝宝喂食适量鱼肝油，并保证饮用适量白开水	

宝宝一日饮食安排（7~8个月宝宝）

时间	用量
6:00	母乳或配方奶200~220毫升，馒头片（面包片）25克
9:30	馒头20克，鸡蛋羹20克，母乳或配方奶120毫升
12:00	辅食（水果泥）50克
15:00	蛋糕20克，母乳或配方奶120毫升
18:30	辅食（汤水、菜泥）60克
21:00	母乳或配方奶200~220毫升
注：每天1次给宝宝喂食适量鱼肝油，并保证饮用适量白开水	

8~10个月宝宝

宝宝哺喂指导

8个月的宝宝可以开始断奶了，母乳充足时不必完全断奶，但不能再以母乳为主。喂奶次数应逐渐从3次减到2次，每天哺乳400~600毫升就足够了。白天应逐渐停止喂母乳，辅食还要逐渐增加，若无特殊情况，一定要耐心加喂辅食，按期断奶。

这个时期的宝宝已经长牙，可以让宝宝啃食硬一点的东西，香蕉、葡萄、橘子可整个让宝宝拿着吃。可增加一些粗纤维的食物，如茎秆类蔬菜，但要把粗的、老的部分去掉。给宝宝做饭时多采用蒸、煮的方法，这样比炸、炒的方式可以保留更多的营养元素，口感也较松软。同时，还保留了更多食物原来的色彩，能有效地激发宝宝的食欲。

蔬菜和水果两类食物不可偏废，不要因为宝宝乐于接受水果而偏废蔬菜。实际上水果和蔬菜各有所长，而且蔬菜还要优于水果，有促进食物中蛋白质吸收的独特优势。

宝宝一日饮食安排（8~9个月宝宝）

时间	用量
6:00	配方奶或牛奶200~220毫升，馒头片（面包片）30克
9:30	水果泥100~150克
12:00	辅食（软面或软饭）100克
15:00	辅食（鱼肉末或肝末加粥）80克
18:30	鱼汤25毫升，蔬菜泥50克，米粥25克
21:00	母乳或配方奶200~220毫升
注：每天1次给宝宝喂食适量鱼肝油，并保证饮用适量白开水	

宝宝一日饮食安排（9~10个月宝宝）

时间	用量
6:00	配方奶或牛奶200毫升
9:00	辅食（水果泥或蔬菜泥）150克
10:00	鸡蛋羹（可尝试全蛋）1小碗，馒头片（面包片）30克
12:00	豆奶120毫升，加适量白糖；小饼干20克
14:00	辅食（软饭或稠粥30克，加肉末或肉松2匙）
18:00	辅食（汤面）100克
21:00	母乳或配方奶200毫升
注：每天1次给宝宝喂食适量鱼肝油，并保证饮用适量白开水	

10~12个月宝宝

宝宝哺喂指导

11~12个月的宝宝可以彻底断掉母乳了，哺喂要逐步向幼儿方式过渡，餐数适当减少，每餐量增加，每天的食物以一日三餐的辅食为主，两餐之间可以添加点心。

要注意的是，婴儿期最后两个月是宝宝身体生长较迅速的时期，需要更多的糖类、脂肪和蛋白质。宝宝的奶制品应继续补充，奶制品可以补充宝宝所需的蛋白质，奶量可根据宝宝吃鱼、肉、蛋的量来决定，一般来说，每天补充牛奶的量不应该低于250毫升。

这个阶段，宝宝有了一定的消化能力，基本上能吃和大人一样的食物，但由于宝宝的臼齿还未长出，不能把食物咀嚼得很细，因此，饭菜要做得细软一些，以便宝宝消化。辅食的量在以前的基础上应略有增加，选择食物的营养应该更全面和充分，除了瘦肉、蛋、鱼、豆浆外，还有蔬菜和水果，食品要经常变换花样，巧妙搭配，以提高宝宝进食的兴趣。

宝宝现在开始表现出对食品的好恶，爸爸妈妈要合理安排食谱，注意变换烹调方式，以防养成偏食的习惯。每次喂餐前半小时，爸爸妈妈可以给宝宝喝20毫升的温开水，增进宝宝食欲。

宝宝一日饮食安排（10~11个月宝宝）

时间	用量
6:00	牛奶250毫升
9:00	馒头片20克，粥60克，蔬菜汤80毫升
10:30	鸡蛋羹1小碗，点心或饼干2~3块，豆浆120毫升
12:00	软饭1碗，肉末20克
14:00	果泥150克，面包1块
18:00	面或饺子120克，碎蔬菜1小碗
21:00	母乳+牛奶250毫升
注：每天1次给宝宝喂食适量鱼肝油，并保证饮用适量白开水	

宝宝一日饮食安排（11~12个月宝宝）

时间	用量
6:00	牛奶250毫升
9:00	鲜肉小包子30克，豆奶150毫升
10:30	蛋糕50克
12:00	软饭35克，鱼、肉汤120毫升，蔬菜泥25克
14:00	水果100~150克
18:00	面或软饭100克，豆类辅食50克
21:00	牛奶250毫升
注：每天1次给宝宝喂食适量鱼肝油，并保证饮用适量白开水	

Part 2 4~12个月 宝宝断奶与辅食添加

4~12个月宝宝可以吃的食物

特点：米汤性味甘平，有益气、养阴、润燥的功能。

🥣 米汤

原料：大米50克。

做法：

1 将大米洗净，用清水浸泡3个小时。

2 将大米放入锅中，加入三四杯水，小火煮至水减半时关火。

3 将煮好的米粥过滤，只留米汤，微温时即可给宝宝喂食。

> 做法小叮咛：米粒煮至开花最合适，熬出来的米汤最有营养。

🥣 橘子汁

原料：橘子1个（约100克）。

调料：糖少许。

做法：

特点：橘子富含维生素C与柠檬酸，具有补充营养、消除疲劳的功效。

1 将橘子去皮洗净，切成两半。

2 将每半个橘子置于挤汁器盘上旋转几次，果汁即可流入槽内，加糖，过滤后即可给宝宝喂食。

> 做法小叮咛：每个橘子约得果汁40毫升，饮用时可加1倍水和少许糖。

山楂水

原料：山楂20克。

调料：糖少许。

做法：

1 将新鲜山楂用清水洗净后放入锅内，加水煮沸，再用小火煮15分钟，然后将山楂去皮、核。

2 将山楂水倒入杯中加糖调匀，待温后即可饮用。

做法小叮咛：一次不可服用过多，否则会反胃酸。

特点：这款料理酸甜可口，有健胃消食、生津止渴的功效，对增进宝宝食欲大有益处。

梨汁

原料：雪梨1个（约100克）。

做法：

1 将雪梨洗净，去皮，去核，切成小块。

2 将雪梨块放入榨汁机中，榨成汁。

3 加入适量的水调匀即可。

做法小叮咛：不宜过量食用，一天不能超过1杯。

特点：雪梨性微寒，汁甜味美，有生津润燥、清热化痰、润肠通便的功效。另外，雪梨含有丰富的果糖、葡萄糖、苹果酸、烟酸及多种维生素，对宝宝补充维生素和各种营养有很大的好处。

大枣水

原料：大枣100克。

做法：

1 大枣洗净，用清水浸泡1个小时，捞出，装入碗里。

2 蒸锅内放入适量清水，把装大枣的碗放入蒸锅进行蒸制。

3 看到蒸锅上汽后，等15~20分钟再出锅。

4 把蒸出来的大枣水倒入杯中，加入适量的温开水调匀即可。

特点：大枣有补脾、养血、安神的作用，贫血的宝宝喝点枣水应该说是很有好处的。

做法小叮咛：大枣水虽然能预防贫血，喝多了却容易上火。因此，一天一次就可以，一次不要超过50毫升，更不要天天喝。

什锦蔬果汁

原料：番茄、洋葱、西蓝花、苹果、橙子各100克。

做法：

1 番茄放入沸水锅烫去皮，洗净，切丁；洋葱去老皮，洗净，切丁；西蓝花洗净，去梗；苹果洗净，去皮，去核，切丁；橙子去皮，切丁。

2 将所有蔬果放入果汁机中，加入凉白开，高速打两下，再慢速打3分钟即成。

特点：这道果汁富含维生素，能满足宝宝成长所需的一切营养，还能促进消化。

> 做法小叮咛：番茄在开水中稍烫后可以轻松揭去表皮。

胡萝卜汁

原料：胡萝卜300克。

做法：

1 胡萝卜洗净，切小块；放入小锅内，加30~50毫升水煮沸，小火煮10分钟。

2 过滤后将汁倒入小碗即可。

特点：胡萝卜富含维生素，并有轻微而持续发汗的作用，非常适合营养不良的宝宝食用。

> 做法小叮咛：胡萝卜直接生长在土壤中，易受到污染，建议皮削厚一点，只留下胡萝卜心作为原料。

苹果藕粉

原料：藕粉20克，苹果30克。

做法：

1 将藕粉和清水调匀，苹果切成极细小的颗粒待用。

2 将苹果粒加水煮熟备用。

3 将藕粉倒入锅内用微火慢慢熬煮，边熬边搅拌，直至透明为止，将煮好的苹果粒倒入拌匀即可食用。

特点：苹果等水果含有丰富的蛋白质、糖类、维生素C、钙、磷，另外，维生素A和B族维生素、烟酸、铁等的含量也较高。

做法小叮咛：藕粉熟透后应呈淡黄色。

香蕉泥

原料：香蕉1根（约100克）。

做法：

1 将香蕉去皮。

2 用汤勺将果肉压成泥状即可。

特点：香蕉富含果胶，是治疗便秘的最佳水果。香蕉泥更易吸收，便秘的宝宝可以食用。

做法小叮咛：在喂食一种新的果泥时，先以一汤勺来试食，观察宝宝是否有过敏反应，再决定是否可以给宝宝食用。

番茄胡萝卜汁

原料：番茄、胡萝卜各200克。

做法：

1 将番茄、胡萝卜洗净切成丁。

2 放入榨汁机中，加入适量水榨成汁。

做法小叮咛：胡萝卜一定要去皮。

特点：胡萝卜含有大量胡萝卜素，这种胡萝卜素的分子结构相当于两个分子的维生素A，进入机体后，在肝脏及小肠黏膜内经过酶的作用，其中50%变成维生素A，有补肝明目的作用，可治疗夜盲症。

姜韭牛奶羹

原料：韭菜250克，姜25克，牛奶200毫升。

做法：

1 把韭菜和姜一起洗净切碎，捣烂，用纱布绞汁。

2 将汁放入锅内，加入牛奶，加热煮沸，趁热喝。

特点：牛奶富含钙质和蛋白质，坚持每天一杯牛奶，能让宝宝的骨骼更强壮。

做法小叮咛：牛奶稍沸立即关火，不要煮得过久。

核桃汁

原料： 核桃仁100克，牛奶适量。

调料： 糖少许。

做法：

1 将核桃仁放入温水中浸泡5～6分钟后，去皮。

2 将核桃用豆浆机磨成汁，用丝网过滤，使核桃汁流入小盆内。

3 把核桃汁倒入锅中，加入牛奶、糖烧沸，待温后即可饮用。

特点： 核桃仁是营养丰富的滋补果品，又是健脑益智的良药。核桃汁对宝宝而言，可促进淀粉酶的分泌，润肠通便，增加食欲，提高其营养素的吸收，有助于宝宝的生长和大脑的发育。

做法小叮咛： 注意核桃仁去皮要去得干净，核桃汁磨得要细。

蔬果汁

原料：西芹、苹果、猕猴桃各100克，柠檬汁适量。

调料：糖少许。

做法：

1 西芹洗净，切块；苹果洗净，去皮，去核，切块；猕猴桃去皮，切块。

2 西芹块、苹果块、猕猴桃块、柠檬汁、糖和适量凉白开同放入果汁机搅打成汁即可。

做法小叮咛：苹果皮中富含维生素和果胶，所以应该把苹果洗干净食用，尽量不要削去表皮。优选无农药和低农药的苹果。

特点：芹菜是高纤维食物，苹果具有润肠作用，常常便秘的宝宝可以多喝这款饮品。

番茄苹果汁

原料：番茄、苹果各150克。

调料：糖少许。

做法：

1 将番茄洗净，用开水烫一下后剥皮，切块，用榨汁机或消毒纱布把汁挤出。

2 苹果洗净，削皮，切块，放入榨汁机中搅打成汁。

3 苹果汁兑入番茄汁中。

4 果汁中加入糖调匀，冲入温开水，即可直接饮用。

做法小叮咛：番茄一定要选择熟透的，青番茄食用后会产生腹痛。

特点：番茄红素通过有效清除体内的自由基，预防和修复细胞损伤，抑制DNA的氧化，从而降低癌症的发生率。苹果的酸味中的苹果酸和柠檬酸能够刺激胃液的分泌，促进消化。两者制成果汁能令宝宝胃口大开，充分补充宝宝成长所需营养。

特点：猕猴桃含有优良的膳食纤维和丰富的抗氧化物质，能够起到清热降火、润燥通便的作用，可以有效地预防、治疗便秘和痔疮。

猕猴桃汁

原料：猕猴桃300克。

调料：糖少许。

做法：

1 将猕猴桃以刨刀削去果皮，切块，连同水、少许糖放入果汁机中。

2 启动果汁机约1分钟，将猕猴桃块打成小颗粒状，即可装入杯中饮用。

做法小叮咛：深绿色果肉、味酸甜的猕猴桃品质最好，维生素含量最高。果肉颜色浅些的略逊。

胡萝卜黄椒杧果汁

原料：胡萝卜、黄椒、杧果各150克。

做法：

1 杧果去皮，洗净，切丁；胡萝卜洗净，切丁；黄椒洗净，去蒂、去子，切丁。

2 杧果丁、胡萝卜丁、黄椒丁和适量凉白开同放入果汁机中，高速打两下，再慢速打3分钟即成。

豆浆胡萝卜苹果汁

原料：胡萝卜100克，苹果80克，豆浆200毫升。

做法：

1 苹果洗净，去核，切块。

2 胡萝卜去皮，洗净，切块。

3 将苹果块、胡萝卜块放入榨汁机中，倒入豆浆，榨汁即成。

做法小叮咛：生豆浆会导致腹痛，豆浆一定要煮沸2遍才算熟透。

特点：豆浆含有丰富的植物蛋白、磷脂、维生素B_1、维生素B_2、烟酸和铁、钙等矿物质，尤其是钙的含量丰富。

苹果汁

原料：苹果200克。

做法：

1 将苹果削去皮和核。

2 用擦菜板擦出丝；用干净纱布包住苹果丝挤出汁。

做法小叮咛：苹果汁分为熟制和生制两种，熟制即将苹果煮熟后过滤出汁。熟苹果汁适合于胃肠道弱、消化不良的婴儿，生苹果汁适合消化功能好、大便正常的婴儿。

青菜泥

原料：青菜50克。

做法：

将青菜洗净去茎，菜叶撕碎。

将撕碎的菜叶放入沸水中煮。

待水沸后捞起菜叶，放在干净的钢丝筛上，将其捣烂，用勺压挤，滤出菜泥即可。

特点：这款料理营养丰富，含多种维生素，可加入粥中或乳儿糕中喂养宝宝。

做法小叮咛：菜叶不要撕得太碎，否则膳食纤维会被破坏。

红薯羹

原料：甜红薯10克。

调料：肉汤、盐适量。

做法：

1 将红薯去皮，切成小块。

2 将红薯块放入锅中，倒入肉汤煮，加适量盐。

3 边煮边将红薯捣碎，煮至稀软即可。

做法小叮咛：红薯最好选择黄心红薯，味甜，易煮软。

特点：红薯中富含β-胡萝卜素，它在人体内可转化为维生素A，对眼睛的视网膜有极佳的保护作用。红薯中的维生素E可帮助肝脏进行解毒，平衡内分泌。所以说，红薯是增强宝宝体力的上好的营养来源。

牛奶蛋黄粥

原料：大米50克，牛奶100毫升，熟蛋黄1/2个。

做法：

1 将大米淘洗干净，放入锅中，加适量水，锅置火上，大火煮沸。

2 蛋黄用小汤勺背面磨碎。

3 大米煮好后改小火再煮30分钟，再把牛奶和蛋黄加入粥中，稍煮片刻即可。

做法小叮咛：蛋黄一次不要给宝宝喂食太多，不容易消化。

特点：蛋黄富含铁质，较适合宝宝食用，防止宝宝缺铁性贫血。

特点：香蕉有"智慧之果"的美称。牛奶中含有的碘、锌和磷脂酰胆碱可有效提高大脑的智能发育。

香蕉牛奶糊

原料：香蕉50克，牛奶100毫升，玉米粉适量。

调料：糖少许。

做法：

1 将香蕉去皮，研碎。

2 锅置火上，倒入牛奶，加入玉米粉和糖，用小火煮5分钟左右，边煮边搅匀。

3 煮好后倒入研碎的香蕉中调匀即可。

做法小叮咛：做时一定要把牛奶、玉米粉煮熟。香蕉营养丰富，睡前吃点香蕉，可以起到镇静的作用。

特点：鸡蛋黄含DHA和磷脂酰胆碱、卵黄素，能健脑益智，改善记忆力。

蛋黄泥

原料：鸡蛋1个（约60克），牛奶100毫升。

做法：

1 将鸡蛋放入凉水中煮沸，用中火再煮5~10分钟，捞出后放入凉水中，剥壳取出蛋黄。

2 将蛋黄研碎，加入水或奶小半杯，用勺调成泥状即可。

做法小叮咛：如食用后起皮疹、腹泻、气喘等，就暂停喂食，等宝宝到7~8个月时再添加。

橘子羹

原料: 橘子3个150克, 山楂糕50克, 糖桂花适量。

调料: 糖适量。

做法:

1 将橘子去皮、橘络、子, 切成丁; 山楂糕切成丁。

2 锅置火上, 加入适量清水, 烧热, 放入糖, 烧沸, 去除浮沫。

3 放入橘子丁, 撒上糖桂花、山楂糕丁, 煮成糊状即可。

特点: 中医认为, 橘子具有润肺、止咳、化痰、健脾、顺气、止渴的药效, 是男女老幼皆宜的上乘果品。

做法小叮咛: 如宝宝喜欢带点酸味的食物, 可以去掉糖。

特点：番茄中所含维生素A对于促进骨骼生长、预防佝偻病、防治眼睛干燥症以及某些皮肤病等均有良好的功效。

番茄糊

原料：番茄50克。

做法：

1 用叉子将熟透的番茄叉好放入开水锅中，随即取出，去皮，去子。

2 将番茄用勺子捣碎成糊状即可。

做法小叮咛：不要在宝宝空腹时喂食，容易引起胃肠胀满、疼痛等不适症状。

菠菜牛奶羹

原料：菠菜50克，洋葱（白皮）10克，牛奶50毫升。

做法：

1 将菠菜洗净，放入开水锅中氽烫至软后捞出，沥干水。

2 选择菠菜叶尖部分仔细切碎，磨成泥状；洋葱洗净，剁成泥。

3 锅置火上，放入菠菜泥与洋葱泥及适量清水，用小火煮至黏稠状。

4 出锅前加入牛奶略煮即可。

做法小叮咛：如果宝宝喜欢吃甜的，可以稍稍加点糖，但要做好后再加糖，不能让糖与牛奶同煮。

🍲 奶油豆腐

原料：豆腐100克，奶油50毫升。

调料：糖少许。

做法：

1 将豆腐切成小块。

2 锅置火上，放入豆腐与奶油，加入适量清水同煮。

3 煮熟之后盛入碗中，加一点点糖调味即可。

做法小叮咛：1.奶油不要放得太多，容易引起宝宝食欲减退。2.不要放葱，以免影响钙质的吸收。

特点：豆腐中含有大量的蛋白质和钙，含8种人体必需的氨基酸，并且还有不饱和脂肪酸和磷脂酰胆碱等，能促进宝宝的生长发育。

🍲 红豆莲子汤

原料：红豆100克，莲子50克。

调料：冰糖5克。

做法：

1 将红豆洗净，浸泡2小时；莲子洗净，去心，浸泡2小时。

2 将红豆和莲子一起放入电饭煲里，煲2小时至熟烂。

3 加入冰糖溶化即可。

做法小叮咛：宝宝不宜吃红豆粒，防止红豆颗粒无法顺利咽下。这道汤营养都在汤里，可以给宝宝喝汤。

特点：红豆益气补血，配莲子有宁心安神的功效。

特点： 芝麻中脂肪的主要成分是油酸、亚油酸及亚麻酸，都属于不饱和脂肪酸，不含胆固醇，是非常适宜宝宝食用又营养的食品。

芝麻糯米粥

原料： 糯米50克，芝麻20克，核桃20克。

做法：

1 将糯米用清水浸泡1个小时；核桃切碎。

2 锅置火上，倒入芝麻、核桃末，一起炒熟待凉后捣成粉。

3 糯米放入锅中，加适量水大火煮沸。

4 煮开后，加入芝麻核桃粉，小火煮1个小时即可。

做法小叮咛：不宜给宝宝喂食太多，容易产生饱腹感。

特点： 白萝卜是家庭餐桌上最常见的一道美食，含有丰富的维生素A、维生素C、淀粉酶、氧化酶、锰等元素。对于宝宝食欲减退、咳嗽痰多等都有食疗作用。

白萝卜浓汤

原料： 白萝卜100克，玉米粉适量。

调料： 高汤适量。

做法：

1 将白萝卜洗净，去皮，切成2厘米厚的圆片状，取其中的1/4烫软，捣烂。

2 锅置火上，放入高汤，煮开，再放入捣烂的白萝卜泥略煮。

3 均匀地倒入调稀的玉米粉，勾芡后即可食用。

做法小叮咛：白萝卜宜选择嫩一些的，过老的白萝卜会使宝宝娇嫩的胃产生烧灼感。

混合果汁

原料：橙子、橘子、番茄（或其他水分多的水果）各50克。

做法：

1 将水果洗净；橘子、橙子切成两半，取干净杯子，将果汁挤到杯子里，再加入等量的温开水调匀。

2 番茄用热开水浸泡2分钟后去皮，再用干净纱布包起，用汤勺挤压出汁。

3 将橙子汁、橘子汁、番茄汁兑在一起即可。

做法小叮咛：如果宝宝喜欢甜味，也可加少许糖，但不能加蜂蜜。

特点：这款果汁可以为宝宝补充维生素，增强抵抗力，促进宝宝生长发育，防治营养缺乏病，对坏血病有特效。

鳕鱼苹果糊

原料：新鲜鳕鱼肉10克，苹果10克，婴儿营养米粉适量。

调料：冰糖2克。

做法：

1 将鳕鱼肉洗净，挑出鱼刺，去皮，煮烂制成鱼肉泥。

2 苹果洗净，去皮，放到榨汁机中榨成汁（或直接用勺刮出苹果泥）备用。

3 锅置火上，加入适量水，放入鳕鱼泥和苹果泥，加入冰糖，煮开，加入米粉，调匀即可。

做法小叮咛：便秘的宝宝不宜吃太多苹果。

特点：鳕鱼含丰富蛋白质，对记忆、语言、思考、运动、神经传导等方面都有重要的作用。

🥣五彩盅

原料： 冬瓜1小块（50克左右），火腿、胡萝卜各20克，鲜蘑菇20克，冬笋嫩尖10克。

调料： 鸡汤、鸡油各适量，盐少许。

做法：

1 将冬瓜洗净，去皮，切成1厘米见方的丁；胡萝卜洗净，切成碎末。

2 将鲜蘑菇、冬笋尖洗净，切成碎末；火腿切成碎末。

3 将准备好的原料一起放到炖盅里，加入少许盐搅拌均匀，浇上鸡汤和鸡油，隔水炖至冬瓜熟烂即可。

> 做法小叮咛：蘑菇的表面有黏液，经常有泥沙粘在上面，很不容易清洗。这时可以在水里先放点盐，待其溶解后，将蘑菇放在水里泡一会儿再洗，泥沙就很容易被洗掉。

特点： 香菇含有丰富的精氨酸和赖氨酸，常吃香菇，可促进宝宝身体发育，并可健脑益智。

🥣豆腐香菇汤

原料： 小鸡丁15克，香菇丝10克，豆腐20克，鸡蛋1个。

调料： 清汤1/3碗，盐少许，水淀粉适量。

做法：

1 鸡蛋磕入碗中，搅成蛋液；豆腐切丁。

2 锅置火上，放入清汤，煮开后，倒入小鸡丁、香菇丝煮至熟，放入豆腐丁，加入盐调味，用水淀粉勾芡煮成稠状。

3 淋上鸡蛋液，熄火，盖上锅盖闷至蛋熟即可。

> 做法小叮咛：鸡丁要切细小，香菇要切成细丝。

奶油菜花

原料： 菜花20克，牛奶100毫升，番茄1/4个，菠菜2根。

做法：

1 将菜花洗净；番茄和菠菜分别洗净，研成泥。

2 菜花和牛奶放入小锅里，用小火煮软。

3 连同煮汁一起倒入磨白内，捣烂。

4 将菜花牛奶泥装碗，上边放上番茄泥和菠菜泥即可。

特点： 菜花含有蛋白质、脂肪、糖及较多的维生素A、B族维生素、维生素C和较丰富的钙、磷、铁等矿物质。宝宝摄入足够的维生素C后，不但能增强肝脏的解毒功能，促进生长发育，还能增强免疫力，防止感冒。

特点：这道羹软烂，易消化吸收，可以为宝宝补充钙质，强壮骨骼。

豆腐羹

原料：豆腐200克。

调料：肉汤适量。

做法：

1 将豆腐和肉汤倒入锅中同煮。

2 在煮的过程中将豆腐捣碎。

做法小叮咛：豆腐下锅前可以用沸水烫过，去掉碱味和豆腥味。

菠菜羹

原料：菠菜叶20克。

调料：肉汤适量。

做法：

1 将菠菜叶洗净之后炖烂。

2 将炖烂的菠菜捣碎并过滤。

3 将菠菜和肉汤放入锅中用小火煮熟即可。

特点：菠菜富含锌、铁，是补血佳品。

做法小叮咛：菠菜以叶柄短、根小色红、叶色深绿者为好。

土豆泥

原料：土豆50克。

调料：糖适量。

做法：

1 将土豆去皮蒸熟。

2 将土豆用勺压烂成泥，加适量糖拌匀即可。

做法小叮咛：皮呈青色的土豆绝不能食用。

特点：这款料理软烂，富有营养。土豆含有丰富的蛋白质、脂肪、糖类，钙、磷、钾及维生素A、B族维生素、维生素C等多种营养素，是婴幼儿较好的辅助食品。

菠菜挂面

原料：挂面40克，熟猪肝、菠菜各15克，鸡蛋黄1个。

调料：盐适量，香油少许，骨汤1碗。

做法：

1 将熟猪肝切末；菠菜择洗干净，切末，用开水烫一下；挂面切成小段。

2 骨汤倒入锅内，加入挂面、盐一起煮。

3 挂面煮软后，加入肝末、菠菜末稍煮，再将鸡蛋黄调散后淋入锅内，加盐、香油调味即可。

特点：此面含有丰富的蛋白质、糖类、钙、磷、铁、锌及维生素A、维生素B_1、维生素B_2、维生素C、维生素D、维生素E和烟酸等多种宝宝发育所必需的营养素。

特点：鱼肉青菜米糊能提供动物和植物蛋白、碳水化合物，对宝宝生长发育有良好的功效。

🥣鱼肉青菜米糊

原料：米粉（或乳儿糕）50克，鱼肉、青菜各20克。

调料：糖少许。

做法：

1 将米粉加清水适量浸软，搅成糊；青菜、鱼肉分别洗净，剁成泥。

2 锅置火上，倒入米粉，大火烧沸约8分钟。

3 放入青菜泥、鱼肉泥，煮至鱼肉熟透，加入少许糖即可。

做法小叮咛：身体有伤口的时候，喂食宝宝此糊可帮助复原及愈合。

特点：茄子含有蛋白质、脂肪、糖类、维生素及钙、磷、铁等多种矿物质，特别是维生素P的含量很高。维生素P能保护心血管，有帮助宝宝防治坏血病的功效。

🥣茄子泥

原料：嫩茄子50克。

做法：

1 将嫩茄子洗净，去皮，切成1厘米左右的细条。

2 将茄子条放入一个小碗里，上锅蒸15分钟左右。

3 将蒸好的茄子用勺研成泥状即可。

做法小叮咛：消化不良、容易腹泻的宝宝最好少吃。

鸡蛋面片汤

原料：面粉40克，鸡蛋黄1/2个，青菜20克。

调料：酱油1/3勺，香油、盐适量。

做法：

1 将面粉放入碗内，加入鸡蛋黄，和成面团，揉好擀成薄片，切成小块待用。

2 青菜择洗干净，切成碎末。

3 将锅内倒入适量水，放在火上烧开，然后下入面片，煮好后，加入青菜末、酱油、盐，滴入香油即可。

特点：此汤含有丰富的蛋白质、脂肪和糖类，还含有一定量的钙、磷、铁、锌等矿物质及维生素A、维生素D、维生素E、维生素B_1、维生素B_2和烟酸等。

做法小叮咛：小麦面粉、荞麦面粉皆可。

特点：这道菜形色美观，柔软可口，含有丰富的蛋白质、脂肪、糖类及维生素B₁、维生素B₂、维生素C和钙、磷、铁等矿物质。豆腐柔软，易被消化吸收；鸡蛋黄含丰富的铁质，对提高宝宝血红蛋白极为有益。

花豆腐

原料：豆腐50克，青菜叶10克，熟鸡蛋黄1个。

调料：淀粉、盐适量。

做法：

1 将豆腐煮一下，放入碗内研碎。

2 青菜叶洗净，用开水烫一下，切碎放入碗内，加入盐、淀粉搅拌均匀。

3 将豆腐压成泥饼，再把蛋黄研碎撒一层在豆腐表面，放入蒸锅内用中火蒸10分钟即可。

特点：火龙果营养丰富，婴儿食用能补充钙、铁，有利于生长发育。

糖水火龙果

原料：熟透火龙果100克。

调料：糖少许。

做法：

1 将火龙果去皮，取肉，切成小方块。

2 锅置火上，放入火龙果，加入糖和水，用小火煮15分钟左右，将火龙果连汤倒入碗中，凉凉后喂食即可。

> 做法小叮咛：也可将火龙果换成樱桃或其他宝宝喜欢吃的水果。

🍲南瓜红薯玉米粥

原料：新鲜红薯1小块（20克左右），南瓜1小块（30克左右），玉米面50克。

调料：红糖少许。

做法：

1 将红薯、南瓜去皮，洗净，剁成碎末，或放到榨汁机里打成糊（需要少加一点凉开水）；玉米面用适量的冷水调成稀糊。

2 锅置火上，加适量清水，烧开，放入红薯末和南瓜末煮5分钟左右，倒入玉米糊，煮至黏稠状。

3 加入红糖调味，搅拌均匀即可。

特点：南瓜有补中益气、清热解毒的功效。红薯含有丰富的营养元素，特别是含有丰富的赖氨酸，能弥补大米、面粉中赖氨酸的不足。

🍲香菇火腿蒸鳕鱼

原料：鳕鱼肉100克，火腿20克，干香菇20克。

调料：盐少许，料酒适量。

做法：

1 干香菇用温水浸泡1个小时左右，洗净，再除去菌柄，切成细丝；火腿切成细丝；鳕鱼肉洗净，切块；把盐和料酒放到一个小碗里调匀。

2 取一个可以耐高温的盘子，将鳕鱼块放进去，在鳕鱼块的表面铺上一层香菇丝和火腿丝，放到开水锅里用大火蒸8分钟左右。

3 倒入调好的汁，再用大火蒸4分钟。

4 取出后去掉鱼刺即可。

特点：口感软嫩，味道鲜香，营养丰富，肯定能使宝宝胃口大开。

Part 2 4～12个月 宝宝断奶与辅食添加

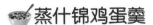

蒸什锦鸡蛋羹

原料： 鸡蛋1个，海米末10克，番茄50克，菠菜20克。

调料： 香油、水淀粉各1/2勺，盐适量。

做法：

1 将鸡蛋磕入碗中，加入一点盐和1/2杯温开水，搅匀，放入蒸锅里蒸15分钟。

2 番茄洗净，切成碎末；菠菜洗净，切成碎末。

3 锅置火上，加入1碗清水，大火烧开，加入海米末、菠菜末、番茄末和少许盐，煮至菜末熟烂，用水淀粉勾芡，淋上香油。

4 将煮好的菜末浇到蒸好的鸡蛋羹上，搅拌均匀即可。

特点： 营养丰富，能使宝宝获得全面而合理的营养素，促进宝宝各个器官的生长发育。

做法小叮咛： 调蛋液的时候要加温开水，不能加凉水。

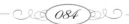

豌豆粥

原料：米饭适量，豌豆10粒，牛奶100毫升。

调料：盐少许。

做法：

1 将豌豆煮熟，捣碎。

2 米饭加适量水用小锅煮沸，加入牛奶和豌豆末，用小火煮成粥，最后加少许盐（也可用糖）调味即可。

做法小叮咛：豌豆粒多食会发生腹胀，所以不宜大量食用。豌豆适合与富含氨基酸的食物（如动物肝脏）一起烹调，可明显提高豌豆的营养价值。

特点：豌豆中富含的粗纤维能促进大肠蠕动，保持大便通畅，起到清洁大肠的作用。

小米粥

原料：小米40克。

调料：红糖少许。

做法：

1 将小米淘洗干净。

2 锅置火上，加入适量清水，放入小米，煮成稀粥。

3 粥好后，加入红糖，拌匀即可。

做法小叮咛：小米不易煮烂，需用小火慢熬。

特点：小米含有丰富的维生素和矿物质。小米中的维生素B_1是大米的好几倍，矿物质含量也高于大米。但小米有一点不足，就是所含的蛋白质中赖氨酸的含量较低，最好和豆制品、肉类食物搭配食用。

特点： 草莓中所含的胡萝卜素是合成维生素A的重要物质，具有明目养肝作用，而且对胃肠道和贫血均有一定的滋补调理作用。

浆果

原料： 草莓5颗，苹果汁2/3大汤勺，牛奶1/4杯。

调料： 蜂蜜少许。

做法：

1 将草莓、苹果汁和蜂蜜混合搅拌。

2 淋上牛奶即可食用。

做法小叮咛：草莓要放在盐水中浸泡，以便彻底洗净残留农药。

特点： 山药可促进肠胃蠕动，有利于宝宝的脾胃消化吸收，还具有抗菌、增强免疫力的功能。山药营养价值高，能有效补充宝宝的营养素，为宝宝的健康打好基础。

山药胡萝卜粥

原料： 淮山药30克，胡萝卜20克，大米20克。

做法：

1 淮山药、胡萝卜均削皮，切小丁。

2 大米淘洗干净，入锅加水煮滚。

3 加入山药丁及胡萝卜丁一起煮开，转小火续煮约15分钟即成。

做法小叮咛：水不宜放太多，2杯水即可。

鱼肉松粥

原料： 大米25克，鱼肉松15克，菠菜10克。

调料： 盐适量。

做法：

1 将大米淘洗干净，放入锅内，倒入清水，用大火煮开，转微火熬至黏稠，待用。

2 将菠菜择洗干净，用开水烫一下，切成碎末，放入粥内，加入鱼肉松，调好口味，用微火熬几分钟即可。

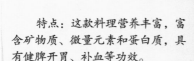

特点： 这款料理营养丰富，富含矿物质、微量元素和蛋白质，具有健脾开胃、补血等功效。

做法小叮咛： 将大米先浸泡2个小时，这样更容易煮得黏稠。

山楂银菊水

原料：山楂片10克，金银花10克，菊花10克。

做法：

1 把山楂片、金银花和菊花洗净。

2 一起加入开水中冲泡。

特点：山楂银菊水具有开胃消食、活血散瘀、补肾益精、养肝明目、补血安神的功效。

做法小叮咛：菊花应选择干净、完整、闻之清香无异味的。

山楂枸杞汁

原料：山楂片15克，枸杞子10克。

做法：

1 把山楂片和枸杞子洗净。

2 一起加入开水中冲泡。

特点：这道饮品健脾、消食、清热、降脂，最适合在暑热季节饮用，消渴生津。

做法小叮咛：枸杞子应放在密封、干燥的玻璃罐中保存。

薏苡仁山楂汤

原料：薏苡仁100克，生山楂片20克。

做法：

1 将薏苡仁和生山楂片用小火煮1小时。

2 浓缩成汤汁即可。

做法小叮咛：一次不能食用过多。

特点：薏苡仁因含有多种维生素和矿物质，有促进新陈代谢和减少胃肠负担的作用，经常食用薏苡仁食品对慢性肠炎、消化不良等症也有效果。

面包布丁

原料：面包15克，鸡蛋1/2个，牛奶100毫升。

调料：蜂蜜少许，植物油适量。

做法：

1 将鸡蛋磕入碗中，搅成蛋液；面包切成小块，与蜂蜜、牛奶、鸡蛋液混合均匀。

2 在碗内涂上植物油，再把上述混合物倒入碗里，放入蒸锅内，用中火蒸7~8分钟即可。

做法小叮咛：注意要用中火蒸，火不宜过大，否则容易蒸老了，影响口感。

特点：面包布丁软嫩滑爽，含有丰富的蛋白质、脂肪、糖类及维生素A、B族维生素、维生素E以及钙、磷、锌等多种矿物质，很适合宝宝食用。

特点：鸭血是铁含量最丰富的食物之一，蛋白质的含量也很高，还具有清洁血液的作用。豆腐富含蛋白质和钙，也具有清火作用。菠菜含有丰富的叶酸，并且能预防便秘。三者搭配，既能提供充足的营养，又能帮助人体排污，适合在夏天吃。

菠菜鸭血豆腐汤

原料：鸭血、嫩豆腐各20克，新鲜菠菜叶20克，枸杞子5粒。

调料：高汤适量。

做法：

1 先将菠菜叶洗净，放入开水锅中汆烫2分钟；鸭血和嫩豆腐切成薄片；枸杞子洗净。

2 砂锅置火上，放入高汤，放入鸭血片、豆腐片、枸杞子，用小火炖30分钟左右。

3 放入菠菜叶，再煮1~2分钟即可。

做法小叮咛：菠菜一定要选新鲜的，做之前要充分洗净，以防有农药残留。

特点：苹果中的锌对脑部发育有益，能增强儿童的记忆力。鸡蛋黄中所含的磷脂酰胆碱是脑细胞的重要原料之一，因此对宝宝智力发育大有裨益。

苹果蛋黄粥

原料：苹果50克，熟鸡蛋黄1个，玉米粉适量。

做法：

1 苹果洗净，切碎；玉米粉用凉水调匀；鸡蛋黄研碎。

2 锅置火上，加入适量清水，烧开，倒入玉米粉，边煮边搅动。

3 烧开后，放入苹果泥和鸡蛋黄泥，改用小火煮5~10分钟即可。

做法小叮咛：这道粥宜常食，但一次不宜食太多，以免消化不良。苹果过量食用反而会导致宝宝便秘。

西蓝花牛奶糊

原料：西蓝花50克，牛奶100
毫升。

调料：糖少许。

做法：

1 将西蓝花洗净，切碎。

2 锅中倒水烧沸，放入西蓝花
煮至软烂。

3 加入糖，倒入牛奶，与西蓝
花拌匀即可。

特点：牛奶中所含的维生
素A、B族维生素、维生素E、
胡萝卜素等，能阻止人体细胞
内不饱和脂肪酸的氧化和分
解，防止皮肤干燥。

做法小叮咛：宝宝腹泻时
喂此菜品最好。

特点：卷心菜中含有某种溃疡愈合因子，对溃疡有着很好的治疗作用，能加速创面愈合，是胃溃疡患者的有效保健食品。多吃卷心菜，还可增进食欲，促进消化，预防便秘。

蔬菜牛奶羹

原料：卷心菜、菠菜各50克，面粉适量，牛奶200毫升。

调料：黄油、盐适量。

做法：

1 将菠菜和卷心菜煮熟并切碎。

2 用黄油在锅里将面粉炒好，之后加入牛奶煮，并用勺轻轻搅动。

3 加入切好的菠菜末和卷心菜末同煮。

4 当蔬菜煮烂之后放少许盐调味。

> 做法小叮咛：加入牛奶后不要煮太久，否则会破坏牛奶的营养成分。

特点：鸡蛋是人类最好的营养来源之一，鸡蛋中含有大量的维生素和矿物质及有高生物价值的蛋白质。对宝宝而言，鸡蛋的蛋白质品质最佳，仅次于母乳。

蔬菜鸡蛋羹

原料：鸡蛋黄1个，胡萝卜、菠菜、洋葱各30克。

调料：盐适量。

做法：

1 将鸡蛋黄用筷子搅匀。

2 将菠菜、胡萝卜、洋葱均切碎，放在开水里煮烂。

3 把蛋黄放入煮沸的蔬菜汤里，用盐调味即可。

> 做法小叮咛：选购鸡蛋时可用手轻摇，无声的是鲜蛋，有水声的是陈蛋。

空心粉橘子水沙拉

原料：空心粉适量，橘子50克，西蓝花30克，酸奶适量。

调料：糖适量，海带清汤1碗。

做法：

1 将空心粉和西蓝花煮熟，切碎。

2 将橘子瓣的薄皮剥掉，与空心粉、西蓝花末一起加入海带清汤同煮。

3 加糖，煮至汤干，淋上酸奶。

做法小叮咛：空腹时不宜食用。

特点：橘子内侧薄皮含有膳食纤维及果胶，可以促进通便，并且可以降低胆固醇。

鱼肉羹

原料：鱼白肉100克，洋葱、胡萝卜各30克。

调料：盐适量。

做法：

1 将鱼刺剔除干净，鱼肉切碎。

2 将胡萝卜、洋葱切碎。

3 锅内水开后放鱼白肉末和蔬菜末，煮至蔬菜熟烂，放少许盐调味即可。

做法小叮咛：鱼刺一定要剔除干净。

特点：这道鱼肉羹咸香鲜美，入口软烂，富含营养，易消化吸收。

特点：鸡肉含有维生素C、维生素E等，蛋白质的含量较高、种类多，而且消化率高，很容易被人体吸收利用，有增强体质、强壮身体的作用。

鸡肉羹

原料：鸡胸脯肉100克。

调料：盐适量，海带清汤适量。

做法：

1 将鸡胸脯肉炖烂之后撕成细丝，然后捣成肉末。

2 将鸡肉末放入小锅加海带清汤煮沸，加盐调味。

做法小叮咛：鸡肉的精华都在汤里，要把汤都喝完。

特点：南瓜性温，味甘无毒，入脾、胃二经，能润肺益气，化痰排脓，驱虫解毒，与肉汤一同烹调，能够促进宝宝健康发育。

南瓜羹

原料：甜南瓜100克。

调料：肉汤适量。

做法：

1 将南瓜去皮、子，切成小块。

2 将南瓜块放入锅中，倒入肉汤煮。

3 边煮边将南瓜捣碎，煮至稀软。

做法小叮咛：南瓜切开后再保存，容易从心部变质，所以最好用汤匙把内部掏空再用保鲜膜包好，这样放入冰箱冷藏可以存放5~6天。

黄金肉末

原料：猪瘦肉100克。

调料：葱末、姜末各3克，植物油、酱油适量。

做法：

1 将猪瘦肉洗净，除去筋络，剁成细末。

2 锅置火上，放入植物油烧热，下入肉末不断煸炒。

3 炒至八成熟时，加入葱末、姜末和酱油，炒至全熟时即可。

做法小叮咛：肉末一定要剁细、炒熟。

特点：肉末含有丰富的营养成分，有滋补肾阴、滋养肝血、润泽皮肤等功效，宝宝食用能促进生长发育，强壮身体。最宜佐粥食用。

熟肉末

原料：猪瘦肉250克。

调料：料酒少许，盐适量。

做法：

1 将猪瘦肉洗净，锅里倒水，加入少许盐和料酒，把整块瘦肉放到锅里煮2个小时左右，直到肉块被煮烂为止。

2 用消过毒的刀从肉块上割下一次吃的量，在砧板上剁成碎末，放入料酒、盐调味即可。

做法小叮咛：其余的肉可以留在汤里，下次吃的时候将肉汤烧开后再取。

特点：猪瘦肉含有丰富的蛋白质、脂肪及铁、磷、钾、钠等矿物质，还含有丰富而全面的B族维生素，能给宝宝补充生长发育所需要的营养，并帮宝宝预防贫血。

Part 2 4~12个月 宝宝断奶与辅食添加

香煎土豆饼

原料：土豆50克，西蓝花20克，面粉50克，牛奶100毫升。

调料：植物油适量。

做法：

1. 将土豆洗净，去皮，用擦菜板擦碎；西蓝花用开水汆烫。

2. 将土豆泥、西蓝花、面粉、牛奶混合在一起，搅匀。

3. 锅置火上，放植物油烧热，倒入拌好的原料，煎成饼即可。

特点：土豆所含的粗纤维具有通便和降低胆固醇的作用，可以治疗习惯性便秘和预防血胆固醇增高。

做法小叮咛：吃土豆时一定要去皮。若宝宝消化不良，可常食土豆，因为土豆对消化不良的治疗有特效。

豌豆丸子

原料：肉馅50克，豌豆10粒。

调料：淀粉适量。

做法：

1. 肉馅加入煮烂的豌豆、淀粉拌匀，甩打至有弹性，再分搓成小枣大小的丸状。

2. 锅置火上，加入适量清水，烧开后放入丸子，蒸1小时至肉软即可。

特点：豌豆富含不饱和脂肪酸和黄豆磷脂，有保持血管弹性、健脑和防止脂肪肝形成的作用。

做法小叮咛：拌肉馅时可适当加点盐。

南瓜米汤

原料：新鲜南瓜50克。

调料：米汤适量。

做法：

1 将新鲜南瓜洗净，去皮，去子，切成小块。

2 将南瓜块放入一个小碗里，上锅蒸15分钟左右。或是在用电饭煲焖饭时，等水差不多干时把南瓜块放在米饭上蒸，饭熟后再等5~10分钟，再开盖取出南瓜块。

3 把蒸好的南瓜块用勺捣成泥，加入米汤，调匀即可。

特点：南瓜营养丰富，含有多糖、氨基酸、活性蛋白、胡萝卜素及多种微量元素等营养元素，且不容易过敏，比较适合刚刚开始添加辅食的宝宝食用。

做法小叮咛：南瓜含糖分较高，不宜久存，去皮后不要放置太久。

特点：橙汁可以补充母乳、牛奶内维生素C的不足，增强宝宝的抵抗力，促进宝宝的生长发育，预防坏血病的发生。

橙汁土司

原料：厚土司1/2片、鸡蛋1/2个、配方奶30毫升、橙汁适量。

做法：

1 土司切成1厘米大小，放入容器中。

2 鸡蛋磕碎，将蛋液与配方奶拌入土司中。

3 放入烤箱烤约3分钟后，淋上橙汁即可。

做法小叮咛：如果不想土司太硬，可以缩短烤的时间。

特点：这道粥蛋白质、矿物质含量高，消化吸收率高。在中医上有润肠补血的消暑功效。

小米蛋花粥

原料：小米25克，牛奶1杯，鸡蛋清10克，大枣20克。

做法：

1 将小米淘洗干净，用清水浸泡10分钟；大枣洗净，去核；鸡蛋清搅匀。

2 将大枣与小米一起放入锅中，加入适量清水，烧煮。

3 水烧开后，加入牛奶继续煮，直到小米烂熟，淋入蛋清即可。

做法小叮咛：大枣含糖量高，所以不需要再放糖。

红薯鸡蛋粥

原料：红薯50克，鸡蛋1个，牛奶适量。

做法：

1 将红薯去皮，蒸烂，捣成泥状。

2 将鸡蛋煮熟之后把蛋黄捣碎。

3 锅置火上，放入红薯泥和牛奶，用小火煮，并不时地搅动，黏稠时放入蛋黄泥，搅匀即可。

做法小叮咛：红薯不宜与香蕉同食，容易引起腹痛。

特点：红薯含有大量的糖类、蛋白质、脂肪和各种维生素及矿物质，能有效地为人体所吸收，防治宝宝出现营养不良症。

鳕鱼香菇菜粥

原料：鳕鱼50克，香菇20克，圆白菜叶适量，大米粥适量。

调料：植物油、盐少许。

做法：

1 将鳕鱼洗净，切碎，加入少许盐和植物油拌匀，放入微波炉加热1分钟即熟。

2 将香菇和圆白菜叶分别洗净，放入碗里，加入适量水，在微波炉煮2分钟，至鲜软，切碎。

3 将鱼泥和菜泥一起放到粥里搅拌均匀，微波炉加热2分钟至滚熟即可。

做法小叮咛：鱼泥一定要去刺、熟烂，以免有刺卡到宝宝的喉咙。

特点：鳕鱼含有优质蛋白质，且易于消化吸收，钙、磷的含量亦很多。香菇也可增加宝宝的抵抗力。这道菜味鲜，能刺激食欲，并可提供宝宝生长所需之营养素。

特点：鸡汤一直以来都是人们补气养身的佳品，温补滋润。每天一碗鸡汤，一定能让宝宝的气色健康红润。

鸡汁粥

原料：母鸡1只（约500克），粳米60克。

调料：盐适量。

做法：

1 母鸡掏净内脏洗净；粳米洗净。

2 锅置火上，放入清水、母鸡，煮成鸡汤。

3 用大火煮开鸡汤，加入粳米，用小火煮粥至熟即可。

做法小叮咛：将鸡汤上的浮油撇去可以减少油腻。

橘皮粥

原料：鲜橘皮25克，粳米50克。

做法：

1 鲜橘皮切成块。

2 与粳米共同煮熬，待粳米熟后食用。

特点：橘皮虽小，但营养十分丰富，尤其含有较多的维生素P，可以为宝宝补充维生素P。

做法小叮咛：橘皮要新鲜的，凉水洗净后方可烹调。

玉米片牛奶粥

原料：无糖玉米片适量，圆白菜叶20克，牛奶50毫升。

做法：

1 圆白菜叶洗净后，放入滚水中余烫至熟透，沥干水分，放入研磨器中磨成泥状。

2 牛奶加热至温热。

3 无糖玉米片放入小塑胶袋中捏成小碎片，倒入大碗中加入温热牛奶和圆白菜叶泥拌匀即可。

特点：牛奶中含有丰富的蛋白质，可以很好地被宝宝吸收和利用。玉米中维生素含量非常高，还含有核黄素等营养物质，有助宝宝身体的全面发育。

做法小叮咛：圆白菜容易残留农药，应该一片片剥下，用流动的水冲洗。

特点：核桃中的磷脂，
对脑神经有很好的保健作用。

核桃粥

原料：大米80克，核桃50克，大枣20克。

调料：盐适量。

做法：

1 将核桃夹开把仁取出，泡在水里，将其薄皮剥去并捣碎。

2 将大枣去核并用水浸泡后捣碎。

3 将核桃末、大枣末、大米加适量水放在小锅里煮。

4 煮好后用盐调味。

做法小叮咛：核桃肉以完整、饱满、无腐臭异味的为佳。

面疙瘩汤

原料：面粉100克，鸡蛋1个，鲜虾仁10个，菠菜叶20克。

调料：香油少许，盐适量。

做法：

1 将面粉放入碗内，用少许水搅成小面疙瘩；鸡蛋磕碎。

2 把鲜虾仁剁成碎末；菠菜洗干净后切成碎末。

3 锅内加入适量水，烧开后下入面疙瘩、虾仁末和菠菜末，加入鸡蛋液，煮几分钟后放入适量盐拌匀，滴入香油即可食用。

肝末土豆泥

原料：新鲜猪肝30克，土豆50克。

调料：料酒、香油各适量，高汤、盐适量。

做法：

1 将新鲜猪肝洗净，除去筋、膜，剖成两半，用斜刀在肝的剖面上刮出细末。

2 加入少量水、香油和盐，调成泥状，隔水蒸8分钟左右。

3 将土豆洗净，去皮，切成小块，煮至熟软，盛出后用勺捣成泥。

4 锅内加入高汤和料酒，放入猪肝泥和土豆泥煮5分钟，然后加入盐，使其有淡淡的咸味，用勺把煮好的土豆泥和猪肝泥搅拌均匀即可。

特点：猪肝能够帮宝宝补充蛋白质、维生素A和钙、铁等矿物质；土豆能给宝宝提供充分的能量和所需要的各种营养素，助益宝宝的健康成长。

鲜虾肉泥

原料：鲜虾肉50克。

调料：盐、香油各适量。

做法：

1 将鲜虾肉洗净，放入碗内，加水少许，上笼蒸熟。

2 加入香油、盐，搅匀即可。

特点：虾泥软烂、鲜香，含有丰富的蛋白质、脂肪，其中含有多种人体必需氨基酸及不饱和脂肪酸，是宝宝极佳的健脑食品。此外，它还含有钙、磷、铁及维生素A、维生素B_1、维生素B_2和烟酸等营养素。

做法小叮咛：注意要将虾皮剥净，肉要蒸熟、蒸烂。

特点：豌豆与一般蔬菜有所不同，所含的止权酸、赤霉素和植物凝素等物质，具有抗菌消炎、增强新陈代谢的功能。

大米豌豆粥

原料：米饭适量，豌豆30克，牛奶50毫升。

调料：糖适量。

做法：

1 将豌豆用开水煮熟，捣碎并过滤。

2 在米饭中加适量水，用小锅煮沸，放入牛奶和豌豆末煮烂，加糖调味即可。

做法小叮咛：豌豆粒多食会发生腹胀，故不宜长期大量食用。

特点：鸡肉、羊肉等肉类含有丰富的维生素A，此菜品可以为宝宝补充多种维生素。

什锦粥

原料：鸡肉末30克，羊肉末30克，香菇、胡萝卜各30克，粥适量，芹菜20克。

调料：盐适量，香油少许。

做法：

1 香菇、芹菜及胡萝卜均切丁。

2 将鸡肉末、羊肉末、香菇丁、胡萝卜丁放入粥中煮熟后，再加适量盐调味。

3 起锅后，撒上芹菜，淋上香油即可。

做法小叮咛：肉末切得越碎越好，方便营养充分融入粥里。

糖水薯蓉汤丸

原料： 黄心红薯200克，糯米粉
100克。

调料： 姜片5克，冰糖适量。

做法：

1 红薯去皮，洗净切薄片，上
碟，隔水蒸熟。

2 粉团少加些水，然后把糯米
粉搓成薯蓉汤丸备用。

3 将4杯水煮滚，加入姜片和
冰糖，煮溶冰糖，取出姜片
弃掉。

4 将红薯搓烂成蓉，趁热加入
糯米粉团。

5 水滚放入薯蓉汤丸，煮至汤
丸浮起，捞出，备用。

6 再将红薯汤丸倒入煮片刻，
即可食用。

特点：红薯能补虚益气，
强肾阴，健脾胃。糯米含有淀
粉、铁和纤维质。冰糖能补中益
气，和胃润肺。两者同食能通畅
肠胃，防治便秘，益气力。

做法小叮咛：腹泻的宝宝禁
食红薯。

特点：鱼肉除味道鲜美外，还有较高的药用价值，具有补肾益脑、开窍利尿等作用，帮助宝宝补充优质蛋白，增强体质。

萝卜鱼肉粥

原料：鱼肉100克，胡萝卜、白萝卜各30克，米饭适量。

调料：海带清汤1碗，酱油适量。

做法：

1 将鱼骨剔净，鱼肉炖熟并捣碎。

2 将白萝卜、胡萝卜用擦菜板擦好。

3 将米饭、海带清汤及鱼肉末、萝卜末等倒入锅内同煮。

4 煮至黏稠时放入酱油调味。

做法小叮咛：鱼肉要捣碎，鱼骨要彻底剔干净。

紫米葡萄粥

原料：黑糯米100克，葡萄30克。

调料：黑糖适量。

做法：

1 葡萄洗净，去皮。

2 将黑糯米洗净，加水用焖烧锅，大火煮滚约5分钟后，即入锅内焖烧约1个钟头之后，取出在炉火上慢慢熬煮，当米汤成浓稠状时，即可加入葡萄稍煮，加黑糖调味即成。

特点：紫米葡萄粥清淡开胃，补气益血，益于营养不良、体质虚弱的宝宝。

做法小叮咛：葡萄应选择颗粒饱满、表皮有一层白霜、无伤口的为佳。

🍲鳕鱼红薯饭

原料：红薯30克，鳕鱼肉末50克，白米饭适量，蔬菜少许。

做法：

1 将红薯去皮，切块，浸水后用保鲜膜包起来，放入微波炉中，加热约1分钟。

2 蔬菜洗净，切碎；鳕鱼肉用热水汆烫。

3 锅置火上，放入白米饭，加入清水和红薯块、鳕鱼肉末以及蔬菜末，一起煮熟即可。

做法小叮咛：可以用南瓜或芋头代红薯做同样的南瓜饭、芋头饭。

特点：红薯含有大量黏液蛋白，能够防止肝脏和肾脏结缔组织萎缩，提高机体免疫力，预防胶原病发生。

🍲蔬菜鸡蛋糕

原料：洋葱20克，胡萝卜20克，菠菜20克，鸡蛋1个。

做法：

1 将洋葱、胡萝卜、菠菜用开水汆烫，然后切碎。

2 鸡蛋磕放碗中，加入等量凉开水搅匀，加入蔬菜末拌匀。

3 将碗放入沸腾蒸锅中，蒸至软嫩即可。

做法小叮咛：菠菜中含有类胡萝卜素，鸡蛋中含有维生素A，均可保护视力，但是一次不要给宝宝喂食太多。

特点：蛋黄中含有丰富的维生素A、维生素B$_2$、维生素D、铁及磷脂酰胆碱。磷脂酰胆碱是脑细胞的重要原料之一，因此能够促进宝宝的智力发育。

Part 2 4~12个月 宝宝断奶与辅食添加

特点：这道菜含较多的脂肪、DHA，益智补脑，提高记忆力，对宝宝神经系统及视网膜的健康发育也有帮助。

清蒸三文鱼

原料：三文鱼250克，青椒50克。

调料：葱丝、姜丝各4克，料酒、番茄酱各1勺，盐适量。

做法：

1 将三文鱼去骨，切块，用刀剞十字花刀，花刀的深度为鱼肉的2/3；青椒洗净，切丝。

2 将三文鱼放入锅中，加入青椒丝、葱丝、姜丝、料酒、盐和适量水，清蒸至熟透。

3 端出淋上番茄酱即可。

做法小叮咛：青椒还宜与鸡蛋同食，青椒含有丰富的维生素C，但易被氧化；鸡蛋中所含的维生素E可以防止维生素C被氧化。二者同食，有利于维生素的吸收和利用。

特点：黄花菜含有丰富的磷脂酰胆碱，具有比较好的健脑功效。番茄含有多种维生素及钙、磷、铁等矿物质，是宝宝补充维生素和钙的理想食物。

番茄鸡蛋什锦面

原料：鸡蛋1个，面条50克，番茄20克，干黄花菜5克。

调料：盐少许，植物油适量。

做法：

1 将干黄花菜用温水泡软，择洗干净，切成小段；番茄洗净，用开水烫一下，去皮，去子，切成碎末；鸡蛋磕入碗里，搅成蛋液。

2 锅置火上，放植物油，烧至八成热，放入黄花菜段和盐，稍微炒一下，加入番茄末煸炒几下，再加入适量的清水，煮开。

3 下入面条煮软，淋入蛋液，煮至鸡蛋熟即可。

🥣 胡萝卜土豆泥饼

原料：胡萝卜、土豆各50克。

调料：葱花2克，盐、油适量。

做法：

1 将胡萝卜和去皮的土豆蒸烂，压成泥。

2 在里面加入葱花和盐拌匀。

3 然后放入油热的平底锅中烙成煎饼即可。

做法小叮咛：土豆要选择皮薄、个大、表皮光滑的。

特点：胡萝卜素有维护上皮细胞的正常功能、防治呼吸道感染、促进人体生长发育及参与视紫红质合成等重要功效。

🥣 蘑菇丸

原料：蘑菇100克，面粉适量。

调料：盐适量。

做法：

1 将蘑菇煮熟。

2 把煮好的蘑菇剁成泥状，拌入面粉，和水、盐搅拌成面团。

3 将蘑菇面团握成小丸子形状，上笼蒸15分钟即可。

做法小叮咛：面粉不要调得太稀，以免捏不成丸子。

特点：蘑菇中B族维生素还有膳食纤维十分丰富，对于增强宝宝抵抗力和免疫力大有好处。

特点：豆腐中富含优质植物蛋白、钙质。这款料理滑嫩，便于宝宝吸收。

豆腐粥

原料：米饭、豆腐各适量。

调料：高汤1碗，盐适量。

做法：

1 将豆腐切成小块。

2 将米饭、高汤、豆腐块加水放在锅中同煮。煮至黏稠时加入适量的盐调味即可。

做法小叮咛：豆腐切得越碎越好。

特点：蜜枣含糖量高达50%~70%，主要是葡萄糖、果糖和蔗糖。冰糖有和胃润肺、补中益气的功能。这款料理能帮助消化、促进食欲、止咳润肺和消暑解热。

麦米枣糖水

原料：麦米50克，蜜枣30克。

调料：姜片2克，冰糖适量。

做法：

1 蜜枣用水洗净，沥干水备用；麦米用水浸透，洗净，沥干备用。

2 将麦米、蜜枣、姜片放入煲中，注入适量清水，煮滚后用小火煲1小时。

3 最后加入适量冰糖即可。

做法小叮咛：蜜枣有甜味，冰糖要酌情添加。

火腿豆腐煲

原料： 鲜嫩豆腐50克，火腿50克。

调料： 油适量。

做法：

1 先把火腿切成块，过一下油。

2 把豆腐块也用油过一下。

3 锅里油热后把豆腐块和火腿块一起放入煸炒，然后加入适量的水，炖大约10分钟即可。

> 做法小叮咛：火腿有咸味，所以不用再加盐。

特点： 火腿内含丰富的蛋白质、适度的脂肪、十多种氨基酸、多种维生素和矿物质。

萝卜蜜

原料： 白萝卜500克。

调料： 蜂蜜适量。

做法：

1 将白萝卜切成小块。

2 将白萝卜块放入沸水内，煮沸后捞出，控干，晾晒半天。

3 再将白萝卜块放入锅中加蜂蜜，以大火煮沸，调匀即可。

> 做法小叮咛：白萝卜具有通气消食的功效，但腹泻的宝宝不宜食用。

特点： 此品具有通气消食、促进宝宝消化之功效。

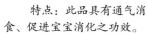

宝宝喂养难题

妈妈上班了，怎样给宝宝喂奶

妈妈上班之后仍然不妨碍喂母乳，可以将母乳挤出保存起来，在需要的时候喂给宝宝。

妈妈可以将挤出的母乳放入有盖子的干净玻璃瓶、塑料瓶或是母乳袋中，并且密封好，同时记得不要装满瓶子，因为冷冻后的母乳会膨胀，另外也应该在瓶子上写上挤奶的日期与时间，方便之后使用。

上班前半个月，妈妈就可以开始练习挤奶、喂奶，上班前、下班后的时间都直接喂母乳，其他喂奶时间就将母乳挤出放在瓶子里保存，宝宝吃奶时将其加热后放在奶瓶里喂食。

贴心提示

工作场所如果没有冰箱，可用保温瓶，预先在瓶内装冰块，瓶子冷却后再将冰块倒出，装进收集好的乳汁。

储存后的母乳怎么使用

母乳有保质期，其储存有3种状态：常温、冷藏、冷冻。这3种方法的保存时间是不同的，一旦过期就不能再食用，储存时一定要标明时间：

1 挤出来的奶水放在25℃以下的室温6~8个小时是安全的。

2 放在冷藏室可保存5~8天。

3 家用冰箱中独立的冷冻库可放3个月。

4 –25℃以下的超强冷冻柜可放置6~12个月。

不同保存状态的母乳使用的方法不同：

常温和冷藏状态的母乳可加热后喂给宝宝。

冷冻室的母乳喂食前需要先拿到冷藏室或室温下解冻，然后再加热喂食。

加热时最好是放在热水里隔水热，不要用微波炉或者蒸煮的方式，以免破坏营养。

已经解冻的奶水不能再次放回冷冻室冷冻，但可以放在冷藏室，在4小时内仍可食用；从冷藏室取出加温的奶，不能再次冷藏，吃不完就应扔弃。

怎样判断宝宝可以吃辅食了

4~6个月的宝宝大多数可以开始添加配方奶以外的辅食了，具体什么时候可以添加不妨关注一下以下的这些信号：

1 开始对大人吃饭感兴趣。大人咀嚼食物时，宝宝目不转睛地盯着大人的嘴巴看，还发出"吧唧吧唧"的声音。

2 不再有推吐反射。如果把小勺放到宝宝嘴唇上，他就张开嘴，而不是本能地用舌头往外推。

3 可以吞咽食物。把少量泥糊状食物放到宝宝嘴里，宝宝已经能够顺利地咽下去。

4 此外，还要注意一点：看宝宝有没有能力拒绝。在不想吃东西时，如果宝宝已经知道用闭嘴、转头等动作对大人们送过来的食物表示拒绝，说明宝宝有了判断饥饱的能力，这时就可以放心地为宝宝添加辅食了。

❀❀ 贴心提示 ❀❀

添加辅食要在宝宝身体健康的时候进行，宝宝生病或对某种食品不消化，则不能添加甚至应暂停添加辅食。

宝宝不爱喝白开水怎么办

宝宝不爱喝白开水一般是因为喝惯了果汁。让宝宝喝白开水时一定要有耐心，抓住时机适当引导，不要强迫宝宝喝白开水，以免引起宝宝的逆反心理，变得更不喜欢喝水。

开始可以先减少果汁和饮料的摄入量，或把果汁稀释到极淡的时候给宝宝喝，逐渐让宝宝接受味道比较淡的水，再慢慢过渡到白开水。

在宝宝感觉到饿的时候，妈妈可以先给宝宝喂一两勺白开水，然后再让宝宝吃奶粉，吃饱后再给宝宝喂一点水，每次都这样做，可以让宝宝逐渐养成喝白开水的习惯。

宝宝贫血怎么办

宝宝贫血后通常表现为皮肤苍白，有的宝宝还会出现心跳过快、呼吸加速、食欲减退、恶心、腹胀、精神不振、注意力不集中、情绪易激动等症状。

宝宝贫血主要是因为铁吸收不足，多发生在出生4个月以后，此时母乳中的铁不足以满足需要，如果没有在辅食中及时添加，就会导致贫血。一些不良的饮食方式，如营养过剩、偏素食、过于油腻、过食冷饮、暴饮暴食等，都会引起消化紊乱，进而引发铁吸收障碍。

一定要及时为宝宝增加含铁辅食：

1 给宝宝增加动物的肝脏、瘦肉、鱼肉、鸡蛋黄等含铁量高且易吸收的辅食。

2 多给宝宝吃富含维生素C的食物，如橘子、橙子、番茄、猕猴桃等，可以促进铁的吸收利用。

3 用铁制炊具如铁锅、铁铲来烹调食物，有助于促进铁元素的吸收。

另外，还要注意让宝宝养成健康均衡的进食方式和习惯。

贫血较重的宝宝可以考虑服食补铁制剂，且应在医生的指导下进行。铁剂服用后，会使宝宝大便变黑，这是正常现象，停药后会消失。

怎样断掉夜奶

妈妈可以通过有计划的安排和坚定的决心，使宝宝不再吃夜间这次奶。

首先，断掉半夜的奶，让宝宝慢慢习惯少吃一次奶的生活。为了防止宝宝饿醒，白天要尽量让宝宝多吃，睡前一两小时可以再给宝宝喂点米粉或者奶，临睡前的最后一次奶要延迟，量也可以适当加大。即使宝宝半夜醒来哭闹，也不要给他喂奶，可以用手轻拍宝宝，哄他睡觉。

其次，断掉临睡前的奶。宝宝睡觉时，可以改由爸爸或其他家人哄宝宝睡觉。宝宝见不到妈妈，肯定要哭闹一番，但是实在见不到妈妈也就会慢慢适应，临睡前的奶自然也就断掉了。

❧ 贴心提示 ❧

断奶刚开始的时候，宝宝肯定会大哭大闹，只要妈妈坚持，宝宝闹的程度就会一次比一次轻，最后断奶也就成功了。

日常生活护理细节

宝宝头发稀少发黄怎么办

宝宝头发稀少

有些妈妈由于看到宝宝的头发稀少，就不敢给宝宝洗头，害怕头发脱落变得更少。其实，妈妈完全没有必要这样担心，宝宝的头发稀少完全能够通过后天的营养补充来进行调节，使宝宝的头发逐渐转变。也有些宝宝头发稀少只是生理性现象，小时候会出现稀少的现象，但是随着宝宝逐渐长大，在5岁左右，头发都会慢慢地长出来。妈妈应该为宝宝勤洗头、勤梳头，保证宝宝头皮血液循环的畅通。

有些妈妈盲目地在宝宝头皮上涂擦"生发精""生发灵"之类的药物，想让宝宝更快地长出浓密的头发，但妈妈却忽略了重要的一点，这类药物并不适用于宝宝稚嫩的头皮，有时可能还会给宝宝带来不良后果。

宝宝头发发黄

遗传：头发的深浅与遗传因素有密切的关系。很多宝宝小时候的头发颜色与爸爸妈妈小时候头发的颜色是一样的，随着年龄的增长，颜色会逐渐变黑。

营养：宝宝头发的颜色与他摄取的蛋白质、维生素、微量元素有关，比如缺铁、缺锌的宝宝，头发就容易发黄，无光泽，稀疏；蛋白质缺乏的宝宝，同样发质比较差。所以，妈妈要让宝宝摄入全面的营养。

随着宝宝营养需求的满足，他的头发就会逐渐变黑变亮。宝宝长大后，头发从稀少、色黄慢慢变成应有的黑色、浓密，是常见的事情。

❦ 贴心提示 ❦

如果因疾病引起的头发少或黄，就会有疾病的主要症状，一般很容易鉴别。如果宝宝很健康，只有头发少或黄，不必为此去医院检查。

宝宝晚上睡觉爱出汗正常吗

有些1岁以下的宝宝晚上睡觉时喜欢出汗，夏天大汗淋漓似乎还可以理解，但有时冬天非常寒冷的时候妈妈也会看到入睡后宝宝的额头上布满一层小汗珠，这到底是什么原因造成的呢？是正常现象吗？

一般而言，如果宝宝只是出汗多，但精神、面色、食欲均很好，吃、喝、玩、睡都非常正常，就不是有病，可能是因为宝宝新陈代谢较其他宝宝更旺盛一些，产热多，体温调节中枢又不太健全，调节能力差，就只有通过出汗来进行体内散热了，这是正常的生理现象。妈妈只需经常给

宝宝擦汗就行了，无须过分担心。

但若宝宝出汗频繁，且与周围环境温度不成比例，明明很冷却还是出很多汗，夜间入睡后出汗多，同时还伴有其他症状，如低热、食欲不振、睡眠不稳、易惊等，就说明宝宝有些缺钙。如还有方颅、肋外翻、O形腿、X形腿病症，则说明宝宝缺钙非常严重，应及时补充钙及鱼肝油。此外也有可能患有某些疾病，如结核病和其他神经血管疾病以及慢性消耗性疾病等。总之，如果出现不正常的出汗情况，妈妈应及时带宝宝去医院检查，找出病因，以便及时治疗。

❧ 贴心提示 ❧

如果宝宝大量出汗，妈妈要及时给宝宝补充淡盐水，以维持体内的电解质平衡。

怎样清理宝宝的耳垢

一般情况下，只要宝宝耳朵不痛、不痒，听力好，耳垢不必人工清除。在说话、吃东西或打喷嚏时，随着下颌的活动，耳道内的片状耳垢便会慢慢松动脱落，而不知不觉地被排出。

但若发现宝宝耳垢较多，堵塞在耳道内，并影响了宝宝的听力，父母就要考虑为宝宝清理耳垢，否则堵塞的耳垢会压迫鼓膜，引起耳痛、耳鸣，甚至眩晕。一旦耳内进水，耳垢被湿化膨胀，刺激外耳道皮肤，还容易引起外耳道炎症。

父母给宝宝清理耳垢时要特别注意，不要把任何东西（包括棉签）伸到宝宝的耳道里挖耳垢，容易发生意外事故。耳垢会因人们的咀嚼动作和不断地说话，被移送到外耳道的外口附近，妈妈可以用棉签将其卷出来，若是比较坚硬的耳垢，可滴少许苏打水或耳垢水将其泡松，再慢慢地取出。

耳内的耳垢可请医生帮忙清理

如果你认为宝宝耳朵里有耳垢堆积，可以在宝宝例行体检时请医生看看。医生会告诉你问题是否严重，并通过用温热的液体冲洗宝宝的耳道，安全地清除耳垢，这种方法可使耳垢松动，并自行排出耳道。医生还可能用塑料小工具（耳匙、刮匙）清理顽固的耳垢，这样做不会造成任何伤害。如果宝宝总是耳垢过多，医生就会告诉你简单的冲洗方法，你也可在家里自己为宝宝清除耳垢。

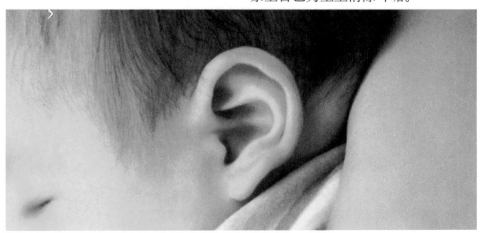

❀✿ 贴心提示 ✿❀

有的宝宝耳垢颜色较深，黄褐色，很黏稠，有时堆在外耳道口，俗称为"油耳屎"，这是正常现象，无须治疗。

宝宝口水多如何护理

宝宝流口水并不是大问题，但因清洁不当而导致其他疾病，那就可得不偿失了。所以，父母应加强宝宝平日里的清洁卫生。

流口水是正常现象

宝宝流口水是一种正常的生理现象，正常的宝宝从6个月后就开始口水涟涟了，这是出牙的标志，父母不必紧张。宝宝2岁后，其吞咽口水的功能逐渐健全起来，这种现象就会自然消失。但也有的宝宝流涎是因为病理上的，也就是不正常的流口水。

护理好爱流口水的宝宝

虽然宝宝流口水属正常现象，但若置之不理，宝宝流出来的口水沾在面部皮肤上容易导致湿疹等疾病，有的不经治疗可数年不愈。

1 随时为宝宝擦去口水，擦时不要用力，轻轻将口水拭干即可，以免伤害宝宝皮肤。

2 用温水清洗布满口水的皮肤，然后涂抹宝宝霜，以保护下巴和颈部的皮肤。

3 最好给宝宝围上围嘴，并经常更换，保持颈部皮肤干燥。

4 当宝宝出牙时，流口水会比较严重，可以给宝宝买磨牙饼干或磨牙棒，帮助宝宝长牙齿，减少流口水。

5 勤给宝宝清洗枕头，因为宝宝会经常把口水流到枕头上，滋生细菌。

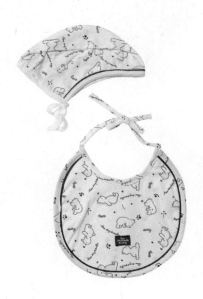

❁✿ 贴心提示 ✿❁

如果宝宝口水流得特别严重，最好去医院检查，看看宝宝口腔内有无异常病症、吞咽功能是否正常。有的流涎是由脑炎后遗症、呆小病、面神经麻痹而导致调节唾液功能失调，因此应去医院明确诊断。

宝宝常用外用药的使用方法

宝宝的皮肤娇嫩，血管丰富，角质层发育差，而外用药又有极强的吸收和渗透能力，如有不慎，会导致宝宝皮肤损伤和吸收中毒，因此，要学会给宝宝正确使用外用药。

碘酒

一种作用强、药效快的消毒剂，用于皮肤初起而未破的疗肿及毒虫咬伤，因为碘酒的刺激性很大，当伤口皮肤已经破溃时，就不能再用了。通常使用浓度为2%碘酒，使用中还应注意碘酒消毒后，要用75%酒精迅速脱碘，以防碘酒与皮肤接触时间过长，烧伤皮肤。

酒精（乙醇）

家庭常备消毒剂，常用浓度为75%，才能达到杀菌的目的。由于酒精涂擦皮肤，能使局部血管舒张，血液循环增加，而且酒精蒸发可使热量散失，故酒精擦浴可使高热病人降温。用于物理降温的酒精浓度为30%左右，也就是说，用1份75%酒精兑1.5~2份水即可做擦浴用，可用于新生宝宝。注意，绝不能用75%酒精直接冲洗创面，因为它对皮肤组织有一定的刺激性。

给宝宝用安抚奶嘴好不好

很多妈妈想给宝宝使用安抚奶嘴，以便腾出时间来好好休息，但又担心会使宝宝形成乳头错觉，影响母乳喂养。其实，关于安抚奶嘴会影响母乳喂养的说法，是没有事实根据的。当然使用安抚奶嘴有好处也会有不好的地方，妈妈应根据实际情况做出选择。

使用安抚奶嘴的好处

1 吮吸安抚奶嘴有助于让宝宝养成用鼻呼吸的习惯。

2 减少宝宝的哭闹，使疲惫的妈妈得到暂时的休息。

3 对早产儿或宫内发育迟缓的宝宝，吸安抚奶嘴是一种安慰刺激，可促进其体重增长。

使用安抚奶嘴的坏处

1 成为妈妈敷衍宝宝的替代品。宝宝一哭就找奶嘴，用奶嘴代替了亲人的拥抱、亲吻，减少了亲子间的互动，使妈妈不再了解宝宝。

2 部分宝宝难以戒掉，长期地使用，可引起宝宝的嘴部，甚至牙齿变形。

权衡利弊，宝宝使用安抚奶嘴还是有必要的。安抚奶嘴不但可以确保吮吸的安全性，还能帮助宝宝养成正确的吮吸习惯。只是宝宝通常对安抚奶嘴的大小和形状很挑剔，所以在最开始的时候，要多给宝宝试用几个不同形状、大小的安抚奶嘴，观察宝宝的反应，直到选到他满意的为止，也不能长期依赖安抚奶嘴，以免造成宝宝牙齿变形。

贴心提示

注意所谓的安抚奶嘴应该是无孔的，而不是一个空奶头。空奶头不能给宝宝吸，以免吸入大量空气引起腹胀、吃奶不好等一系列消化道问题。

带宝宝出去晒太阳要注意什么

选择适宜的时间晒太阳

冬季太阳比较温和，适合多在户外晒晒太阳。晒太阳时应选择适当的时间，宝宝从2个月以后，每天应安排一定的时间到户外晒太阳。时间一般以上午9~10时、下午4~5时为宜。

照射的时间要逐渐延长，可由十几分钟逐渐增加至1小时，最好晒一会儿就到荫凉处休息一会儿。

注意防晒

妈妈一定要在出门时给宝宝用防晒霜。要选择没有香料、没有色素、对皮肤没有刺激的儿童专用物理防晒霜。防晒系数以15为最佳，因为防晒值越高，给宝宝皮肤造成的负担越重。给宝宝用防晒霜时，应在外出之前15~30分钟涂用，这样才能充分发挥防晒效果。而且在户外活动时，每隔2~3小时就要重新涂抹1次。

不能空腹和洗澡

晒太阳时不宜空腹，最好不要给宝宝洗澡。因为洗澡时可将人体皮肤中的合成活性维生素D的材料受影响，减低了促进人体钙吸收的作用。此外，秋冬季日照补钙时，最好穿红色服装，因为红色服装的辐射长波能迅速"吃"掉杀伤力很强的短波紫外线，最好不要穿黑色服装。

🌸 贴心提示 🌸

经常看到一些妈妈将宝宝关在屋里，隔着玻璃"晒太阳"，其实，这种做法是不可取的。宝宝体内的维生素D除来自食物外，主要靠紫外线照射皮肤时体内产生而得。而玻璃能阻挡紫外线的通过，因此，晒太阳要尽量使皮肤直接与阳光接触，不要隔着玻璃"晒太阳"。

如何选购和使用婴儿车

选购婴儿车

1 婴儿车的式样很多，应选择可以放平，使宝宝躺在里面，拉起来也可以使宝宝半卧斜躺的婴儿车。最好车上装有一个篷子，这样刮风下雨也不怕了。

2 车子的轮子最好是橡胶的，推起来不至于颠簸得太厉害。轮子最好比较大，大轮子具有较佳的操控性，一般要求前轮有定向装置，后轮设有刹车装置，配有安全简易的安全带。

3 产品要有安全认证标志，不要有可触及的尖角、毛刺，以免划伤宝宝皮肤；各种转动部件应运转灵活；刹车功能可靠。

4 不追求过多功能，应以宝宝的安全为出发点。

使用婴儿车

1 使用前进行安全检查，如车内的螺母、螺钉是否松动，躺椅部分是否灵活可用，轮闸是否灵活有效等。

2 宝宝坐车时一定要系好腰部安全带，腰部安全带的长短、大小应根据宝宝的体格及舒适度进行调整，松紧度以放入大人四指为宜，调节部位的尾端最好能剩出3厘米长。

3 宝宝坐在车上时，妈妈不得随意离开。非要离开一下或转身时，必须固定轮闸，确认不会移动后才离开。

4 切不可在宝宝坐车时，连人带车一起提起。正确做法应该是：一手抱宝宝，一手拎车子。

5 不要长时间让宝宝坐在车里，任何一种姿势，时间长了都会造成宝宝发育中的肌肉负荷过重。正确的方法应该是让宝宝坐一会儿，然后妈妈抱一会儿，交替进行。

> **贴心提示**
>
> 等到宝宝3个月以后，要经常推宝宝去室外呼吸新鲜空气，晒晒太阳。

如何缓解宝宝长牙期牙床不适

出牙期的症状常常包括易发脾气、流口水、咬东西、哭闹、牙龈红肿、食欲下降和难以入睡等。这些虽属正常现象，但妈妈也需要学习一些方法缓解宝宝的不适和痛苦。

1 按摩牙龈：妈妈洗净双手，用手指轻柔地摩擦宝宝的牙龈，有助于缓解宝宝出牙的疼痛。但是，等到宝宝开始变得淘气，力气变大了，牙也出来几颗时，妈妈要注意避免宝宝咬伤自己。

2 巧用奶瓶：在奶瓶中注入水或果汁，然后倒置奶瓶，使液体流入奶嘴，将奶瓶放入冰箱，保持倒置方式，直至液体冻结。宝宝会非常高兴地咬奶瓶的冻奶嘴。妈妈记得要不时查看奶嘴，以确保它完好无损。

3 让宝宝咀嚼：咀嚼可帮助牙齿冒出牙龈。市面上的磨牙饼是很好的选择(尽管会让宝宝身上脏兮兮的)，有点硬的面包圈也是宝宝咀嚼的绝佳物品。

4 转移宝宝的注意力：最好的方法可能是让宝宝不再注意自己要冒出牙齿的牙龈。试着和宝宝一起玩他最爱的玩具或者用双手抱着宝宝摇晃或跳舞，让宝宝忘记不适感。

❧ 贴心提示 ❧

不是特别需要的情况下，最好不要使用儿童专用的非处方类镇痛药，比如儿童用泰诺琳滴剂。到必须要用时，请务必严格遵循包装上的说明，24小时内宝宝的服药次数通常不得超过3次。

如何通过不同部位给宝宝测体温

体温表有口表和肛表两种。测量宝宝体温，除较大儿童用口表外，婴幼儿一般宜用肛表在肛门或腋下测试。

1 腋下测量法：在测温前先用干毛巾将宝宝腋窝擦干，再将体温表的水银端放于宝宝腋窝深处而不外露，妈妈应用手扶着体温表，让宝宝屈臂过胸，夹紧（需将宝宝手臂抱紧），测温7~10分钟后取出。洗澡后需隔30分钟才能测量，并注意体温表和腋窝皮肤之间不能夹有内衣或被单，以保证其准确性。正常腋下体温一般平均为36~37℃。

2 肛门内测量法：肛门内测量时，选用肛门表，先用液体石蜡或油脂（也可用肥皂水）滑润体温表的水银端，再慢慢将表的水银端插入宝宝肛门3~4.5厘米（1岁以内的宝宝1.5厘米即可），妈妈用手捏住体温表的上端，防止滑脱或折断，3~5分钟后取出，用纱布或软手纸将表擦净，阅读度数。肛门体温的正常范围一般为36.8~37.8℃。

测量体温最好在每天早上起床前和晚上睡觉前。在运动、哭吵、进食、刚喝完热水、穿衣过多、室温过高或在炎热的夏季，需等20~30分钟后再测量。

在测量体温之前，应用拇指、食指捏紧体温表上端，将水银柱甩到35℃以下，甩表时要避免体温表被碰坏。读看体温表度数时，用手（通常均用右手）拿住体温表上端，横着水平方向（与眼的视线平行）缓缓转动体温表，即可清晰看出水银柱上升刻度（就是测得体温的度数）。

❧ 贴心提示 ❧

体温表用毕，将表横浸于75%乙醇消毒30分钟，取出后用冷开水冲洗，擦干后放回表套内保存备用。体温表切忌加温消毒或用热水冲洗，以免损坏。

体温多少摄氏度表示宝宝发热了

如果宝宝的口腔温度超过37.5℃，直肠温度超过38.0℃或腋下温度超过37.0℃，宝宝就发热了。

正常体温	宝宝的腋下温度在37.0℃左右，一天中稍有波动
低热	腋下体温在37.5~38.0℃
中度热	腋下体温在38.1~39.0℃
高热	腋下体温在39.1~41.0℃
超高热	腋下体温在41.0℃以上

那么，如果宝宝体温超过38.5℃，是不是就说明病得很重？

并不是说体温越高，宝宝得病就越重。有的宝宝可能只有轻微的感染，体温就会升得很高；有的则相反，即使病情很重，身体表面摸起来也只是温和的。因此，当宝宝生病发热时，父母不要只注意体温的高低，而更需要观察宝宝的一般情况。

如果宝宝的精神状态比较好，能够正常吃、睡、玩，那么就说明病得并不太重。相反的话，则需要格外重视。

但是，宝宝发高烧时，体温上升的速度快就容易发生惊厥。这种单纯性的高热惊厥有遗传性，所以有家族史的宝宝发热时要特别注意。

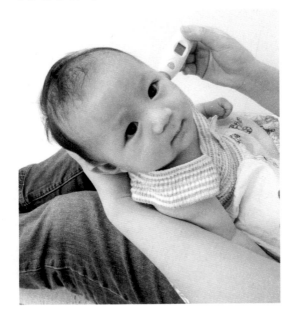

❀❀ 贴心提示 ❀❀

宝宝发热不严重，可以在家给宝宝进行物理降温，如果达到38.5℃最好送宝宝去医院诊治。

如何在家给宝宝降温

对于发热的宝宝，物理降温不但有效，而且更加安全。下面向父母推荐一些简单易行的物理退热方法。当宝宝出现低热时，可及时采取下面几种降温方法给宝宝降温。

方法一：温湿敷

1 准备好温水，热水温度在30℃左右。

2 将宝宝的衣服解开，毛巾打湿，用温水毛巾上下搓揉宝宝的身体。

3 10~15分钟换一次毛巾。

方法二：冰敷

1 在塑料袋内装入刚从冰箱取出的自制冰块，扎紧，套2~3层，防止漏出，然后在外面包上毛巾即可。

2 将冰袋敷在宝宝后枕部、前额部或者腋窝下、颈部、腹股沟等大血管经过的地方。

3 5~10分钟换一次，直至高热有所下降为止。

4 如果宝宝出现哆嗦、发凉、脸色发青或者局部皮肤发紫，要马上停止使用。

方法三：使用退热贴

1 沿缺口撕开包装袋，取出贴剂，揭开透明胶膜，将凝胶面直接敷贴于额头或太阳穴，也可敷贴于颈部大椎穴。贴时不要碰到头发、眉毛、伤口、眼部及皮肤有异常的部位。

2 每天1~3次，每贴可持续使用8小时。

注意：用退热贴后，如果体温仍然在38.5℃以上持续不降，还是应该及时到医院就诊。

∽ 贴心提示 ∽

还有一种用乙醇擦浴来降温的方法，效果也不错，但乙醇毕竟是化学物质，若父母没有尝试过就不要轻易使用这种方法，以免使用不当给宝宝带来伤害。

冬天宝宝房间空气干燥怎么办

对付冬季干燥，室内保湿是重要手段，它不但能避免地板、家具、墙壁的变形、开裂，也能让居室的小环境变得舒适宜人，让宝宝舒舒服服地度过一个干燥的冬天。

洒水、摆水盆、养花草为空气加湿

室内加湿，可通过洒水、放置水盆等方式。干燥的季节在居室地上洒上点水，晚上睡觉的时候可以在卧室放一盆凉水，这样暖气不会把空气中的水分给蒸发掉。在屋子里养花草，也可以增加空气湿度，推荐花木：吊兰、富贵竹、百合、蓬莱蕉、绿萝、菊花。但有些花草则应避免放在卧室，如兰花的香气会引起失眠；含羞草有可能引起脱发；紫荆花花粉会引发哮喘和加重咳嗽；夜来香可引起头晕目眩；百合花的香气能引起失眠；月季花的香气令人郁闷；夹竹桃分泌的乳白色液体会令人中毒；松柏芳香令人食欲不振；绣球花易致人过敏；郁金香花朵会引起脱发。

使用加湿器加湿

加湿器使用方便，加湿效果也比较好，但要做到科学使用加湿器，最重要的一点就是定期清理，否则加湿器中的真菌等微生物会随着水雾进入空气中，再进入我们的呼吸道中，加湿器肺炎就是这么产生的。

另外，空气湿度也不是越高越好，冬季人体感觉比较舒适的湿度是40%～50%，如空气湿度太高，人会感到胸闷、呼吸困难。还有，加湿器需要每天换水，最好1周清洗1次。

❀❀ 贴心提示 ❀❀

冬季较干燥时要注意给宝宝补充充足的水分，可让宝宝多喝水和蔬果汁。另外，要注意给宝宝进行皮肤护理。

宝宝面部皮肤及五官如何护理

宝宝的皮肤异常娇嫩，如果不细心护理，极易因受到刺激而感染，给宝宝进行面部护理的方法为：

1 宝宝的皮肤会因气候干燥缺水而受到伤害，平时不要用比较热的水给宝宝洗脸，可以选择比较凉的水来洗，那样可以避免油脂被过多地清洗掉。在宝宝洗脸之后，擦上宝宝护肤品，形成保护膜。

2 宝宝嘴唇干裂时，要先用湿热的小毛巾敷在其嘴唇上，让嘴唇充分吸收水分，然后涂抹润唇油，同时要注意让宝宝多喝水。房间的空气要有一定的湿度，特别是开着空调时要放一盆清水，以避免空气干燥。

3 宝宝长牙期间会流很多口水，应准备柔软的毛巾，时刻替宝宝抹净面颊和颈部的口水，秋冬时更应及时涂抹润肤膏防止肌肤皲裂。

4 宝宝睡觉后眼屎分泌物较多，有时会出现眼角发红的状况，应每天用湿润的棉球（可在药店买）替宝宝清洗眼角，清洗时力度要轻柔。

❧ 贴心提示 ❧

给宝宝选用护肤品时，首先是选用宝宝专用的，选定一个品牌后不要经常变换，以免宝宝无法适应。每个季度的护肤品应不同，不能四季皆用一种，冬夏应格外注意给宝宝护肤。

宝宝的玩具如何清洗消毒

玩具玩得时间长了，会附着很多细菌，这对宝宝的健康极为不利。这就要求妈妈们经常对宝宝的玩具进行清洗、消毒。玩具消毒的频率通常以每周1次为宜。另外，不同材质的玩具消毒方式还不一样。

耐湿、耐热的木制玩具

把肥皂削成小块，放入滚开的热水中充分化开，把木制玩具放到肥皂水里烫洗，再用清水冲净，晾透，以防发霉变形。

不耐湿、不耐热的木制玩具

用一块干净的纱布蘸取婴儿专用的奶瓶清洁液擦拭木制玩具的表面，然后用干净的纱布把木制玩具表面的水珠抹净，分开摆放在清洁处晾干。

塑胶玩具

用干净的毛刷蘸取婴儿专用的奶瓶清洁液刷洗塑胶玩具，然后用大量的清水冲洗干净，放在通风且有日照的地方自然风干。

毛绒玩具

毛绒玩具，可用婴幼儿专用的洗衣液水洗。由于洗衣机内也会积存一些细菌、病毒，所以最好手洗毛绒玩具。洗好后放在阳光下，利用紫外线再次杀菌消毒。

电子玩具

电子玩具不要用水洗，可定期用无菌纱布蘸取75%医用乙醇来擦拭玩具表面，等乙醇完全挥发殆尽再交给宝宝玩。要注意，擦拭时应先卸下电池，以免发生短路。电子玩具可经常放在阳光下，利用日光中的紫外线来消毒即可。

户外玩具

院子里有秋千、滑梯等户外玩具的，可用干净的布块或毛巾、肥皂以及水来清洁就行了。如果还是不放心，也可以用干净的布块或毛巾蘸取75%医用乙醇来擦拭。

❧ 贴心提示 ❧

当宝宝将玩具放入口中时，妈妈要制止，且宝宝玩过玩具后，要及时洗手。

宝宝夜里睡觉蹬被子怎么办

稍大点的宝宝睡觉时，都有一个坏习惯，那就是蹬被子，为了不影响父母的休息，防止宝宝感冒，要注意下面几个问题。

不要给宝宝盖得太厚，也不要让他穿太多衣服睡觉，并且被子和衣服用料应以柔软透气的棉织品为宜，否则，宝宝睡觉时身体所产生的热量无法散发，宝宝觉得闷热的话就很容易蹬被子。一般来说，给宝宝盖的被子，春天和秋天被子的重量应在1~1.5千克为宜。夏季要用薄毛巾被盖好腹部。冬季被子的重量以2.5千克左右为好。

睡觉前不要过分逗引宝宝，不要让他过度兴奋，更要避免让他受到惊吓或接触恐怖的事物。否则，宝宝入睡后容易做梦，也容易蹬被子。

其实，要防止宝宝蹬被子，最好的方法是让宝宝睡睡袋。

睡袋的选择

睡袋的款式非常多，只要根据宝宝的睡觉习惯，选择适合宝宝的睡袋就好。比如宝宝睡觉不老实，两只手喜欢露在外面，并做出"投降"的姿势，妈妈就可以选择背心式的睡袋；怕宝宝着凉也可以选择带袖的，晚上可以不脱下来也一样方便。

睡袋的薄厚：现在市场上宝宝的睡袋有适合春季和秋季用的，也有适合冬季用的。选择睡袋的时候，妈妈一定要考虑居所所在地的气候因素，还要考虑自己的宝宝属于什么类型的体质，然后再决定所买睡袋的薄厚。

睡袋的花色：考虑到现在的布料印染中的不安全因素，建议妈妈尽量选择白色或浅色的单色内衬睡袋。

睡袋的数量：多数宝宝晚上都是穿着纸尿裤入睡的，尿床的机会很少，所以有两条睡袋交换使用就可以了。建议妈妈选择抱被式和背心式睡袋，两者搭配使用。

✿ 贴心提示 ✿

睡前不要给宝宝吃得太多，中医称为"胃不和则卧不安"。

给宝宝挑选内衣要注意什么

婴儿内衣的挑选宜注重舒服，应注意以下因素：

1 因宝宝皮肤最外层耐磨性的角质层很薄，即使不大的刺激也会使皮肤变红，甚至损伤，所以内衣质地要柔软，不要接头过多，翻看里边的缝边是否因粗糙而发硬，尤其要注意腋下和领口处。给宝宝买缝边朝外的内衣最合适。

2 要选用具有吸汗和排汗功能的全棉织品，以减少对宝宝皮肤的刺激，从而避免发生皮肤病。

3 要注意内衣的保暖性，尤其是在气温较低时，宝宝需要穿上双层有伸缩性的全棉织品。

4 宝宝头大而脖子较短，为穿脱方便，内衣款式要简洁，宜选用传统开襟、无领、系带子的和尚服。

5 内衣色泽宜浅淡，无花纹或仅有稀疏小花图案，可避免有色染料对宝宝皮肤的刺激，还可及早发现宝宝皮肤异常情况。另外，如果内衣颜色白得不自然，其中可能含有荧光增白剂等化学物质，最好不要选购。

6 给宝宝买内衣不可像外装那样总是大一尺码，应选择适合宝宝月龄或身长大小的型号，这样会使宝宝穿得舒适。

❧❧ 贴心提示 ❧❧

为了确保安全和卫生，刚买回来的内衣，应先清洗一下再给宝宝穿。

宝宝长牙了总咬乳头怎么办

相信不少妈妈都有过这样的经历：某一天，当你很舒适地享受着喂奶的愉悦，内心一片安详，突然间，乳头上一阵钻心的疼痛袭来，原来宝宝狠狠地咬了你一口。

引起这个现象的原因很多，最常见的是宝宝长牙，牙床肿胀，宝宝会有咬东西减痛的需要。

这时，你该怎么做呢？

首先，宝宝一旦出现这样的行为，妈妈在喂奶时就要保持警觉了。通常宝宝在吮吸乳房时，会张大嘴来含住整个乳晕。若宝宝吃着吃着稍微将嘴巴松开，往乳头方向滑动，就要留意了，要改变宝宝的姿势，避免乳头被咬。

如果你感觉宝宝可能快要咬你了，一定要尽快把食指伸入宝宝嘴里，让宝宝不是真的咬到乳头。

如果你已经被宝宝咬到了，请先保持镇定，不要对宝宝大叫或大骂，使他受到惊吓；也不要急着拉出乳头。你可以将宝宝的头轻轻地扣向你的乳房，堵住他的鼻子。为了呼吸，宝宝会本能地松开嘴。如此几次之后，宝宝会明白，咬妈妈会导致自己不舒服，他就会自动停止咬了。

另外，对于长牙期的宝宝，由于长牙难受想咬东西是正常的，妈妈可以准备一些牙胶或磨牙玩具放在冰箱里，或者冰冻一根香蕉，平时多给宝宝咬，甚至在喂奶之前先让宝宝把这些东西咬个够，可以缓解宝宝出牙不适。

贴心提示

不要让宝宝衔着乳头睡觉，以免宝宝在睡梦中因牙龈肿胀而起咬牙的冲动。妈妈可以在宝宝熟睡之后，将干净的食指或小指，缓缓伸入宝宝口中，让宝宝松开乳头，然后等宝宝睡去再轻轻抽出。

如何保护宝宝的乳牙

7~8个月宝宝已经开始长出一两颗牙了，虽然以后还会有换牙期，但在婴儿期不给宝宝进行牙齿保健护理，宝宝会很容易得龋齿。龋齿会影响宝宝的食欲和身体健康，会给宝宝带来痛苦。

护理宝宝的乳牙要做好以下几点：

1 在出乳牙期间要注意宝宝口腔卫生，每次进食后要喂温开水漱口，特别要注意冲洗牙龈黏膜，以便把残留食物冲洗干净，如有必要妈妈可戴上指套或用棉签等清除食物残渣。睡前多饮白开水，清洁口腔，预防龋齿。

2 要注意营养，多吃些鸡蛋、虾皮等含蛋白质、钙丰富的食物，以便增加钙质，同时也要吃一些易消化又硬度合适的食物，有利于牙齿生长，使牙齿健康。

3 经常带宝宝到户外活动，晒晒太阳，不仅可以提升宝宝免疫力，还有利于促进钙质的吸收。注意纠正宝宝的一些不良习惯，如咬手指、舐舌、口呼吸、偏侧咀嚼、吸空奶头等。

4 入睡前不要让宝宝含着奶头吃奶，因为乳汁沾在牙齿上，经细菌发酵易造成龋齿。睡前可以给宝宝喂少量牛奶，不要加糖。

5 发现宝宝有出牙迹象，如爱咬人时，可以给些硬的食物，如面包、饼干，让他去啃，夏天还可以给冰棒让他去咬，冰凉的食物止痒的效果更好。

6 注意宝宝的睡姿要多变换，长期一侧会使宝宝乳牙长得参差不齐。

Part 2 4~12个月 宝宝断奶与辅食添加

如何保护宝宝的眼睛

眼睛是人的重要视觉器官，又是十分敏感的器官，极易受到各种侵害，如温度、强光、尘土、细菌以及异物等，尤其是现阶段的宝宝正处于学爬时期，且比较好动，手容易沾染细菌后又去揉眼睛。父母应及早保护好宝宝的眼睛，防止宝宝眼睛有所损伤。

1 宝宝要有自己专用的脸盆和毛巾，每次洗脸时都要洗眼睛。

2 要经常给宝宝洗手，防止宝宝用手搓揉眼睛。

3 要防止强烈的阳光或灯光直射宝宝的眼睛，带宝宝外出时，如有太阳，要戴太阳帽，家里灯光要柔和。

3 要防止锐物刺伤眼睛，不要给宝宝玩棍棒、针尖类玩具。

4 防止异物飞入眼内，一旦异物入眼，不要用手揉擦，要用干净的棉签蘸温水冲洗眼睛。

5 掌握正确的看电视的方法，时间最好不要超过2~10分钟，距离至少离电视2~3米。

6 适当增加含维生素A的食物的摄入，如动物的肝、蛋类、胡萝卜和鱼肝油，以保证视网膜细胞获得充分的营养。

7 多给宝宝看色彩鲜明的玩具，经常调换颜色，多带宝宝到外界看大自然的风光，以提高宝宝的视力。

婴儿视力发展情况

新生儿视力低，只能看到20~25厘米远的东西。1个月后能看到90厘米甚至更远的东西。4个月后眼睛会随活动玩具移动，见物伸手去接触。6个月，产生色觉，会分辨颜色，能注视较远的物体。9个月时，眼睛能注视画面上的单一线条，视力大约为0.1。

❀ 贴心提示 ❀

妈妈要注意定期带宝宝去医院检查眼睛，发现眼病，对婴儿要每半年或一年进行一次视力定期检查，及早发现远视、弱视、近视及其他眼病，以便进行矫正治疗。

宝宝的毛巾（手绢）如何清洗消毒

细菌最喜欢温暖潮湿环境，毛巾长时间处于温湿状态，便成细菌滋生的乐园，加之人体皮肤上油脂、灰尘、水中杂质、空气中细菌等沉积在毛巾上，再用这样的毛巾擦拭皮肤，不仅起不到清洁作用，反而会弄脏皮肤、堵塞毛孔。对于新陈代谢快的宝宝来说，感染危害尤其大。所以，给宝宝用的毛巾和手绢要适时清洗消毒。

清洗消毒的方法

时间：每星期消毒1次。

蒸煮消毒法：把毛巾先用开水煮沸10分钟左右，然后再用肥皂水清洗，晾干后就可以使用了。

微波消毒法：将毛巾清洗干净，折叠好后放在微波炉中，运行5分钟就可以达到消毒目的。

高压蒸汽消毒法：将毛巾放入高压锅加热保持30分钟左右，可以杀灭绝大多数微生物。

化学消毒剂消毒法：消毒剂可以选择稀释200倍的清洗消毒剂或0.1%的洗必泰。将毛巾浸泡在上述溶液中15分钟以上，然后取出毛巾用清水漂洗，将残余的消毒剂去除干净，晾干后就可以再次放心地使用了。

毛巾常见的两种情况

毛巾油腻：除采用以上方法外，还可以将毛巾放浓盐水中煮或烫洗。毛巾应保持干燥，以免细菌过快繁殖。但现在很多家庭卫生间没有窗户，通风条件较差，所以要想保持毛巾清洁，应该每天用肥皂清洗一次，然后挂在太阳下晒干或通风处晾干。

防止变硬：为防止毛巾发硬，除了经常清洗外，还应当将毛巾放在碱水锅里煮一刻钟，煮后将毛巾取出并用清水彻底冲洗干净。

❧ 贴心提示 ❧

毛巾最好30天左右更换1次，最多不应超过40天，否则就要用高温蒸煮把毛巾消毒、软化。

如何选购宝宝的餐具

适合宝宝特点的专用餐具对于提高宝宝用餐兴趣，提高其动手能力，培养其良好的进餐习惯都十分有利。

宝宝餐具怎么挑选

1 注重品牌，确保材料和色料纯净，安全无毒。市场上宝宝餐具品牌很多，选择宝宝餐具应将安全性放在首位，知名品牌多是经受住了国家和消费者考验的，较为可靠。

2 餐具的功能各异，有底座带吸盘的碗，吸附在桌面上不会移动，不容易被宝宝打翻；有感温的碗和勺子，便于父母掌握温度，不致让宝宝烫伤；大多数合格餐具还耐高温，能进行高温消毒，保证安全卫生。

3 在材料上，应选择不易脆化、老化，经得起磕碰和摔打，在摩擦过程中不易起毛边的餐具。

4 在外观上，应挑选内侧没有彩绘图案的器皿，不要选择涂漆的餐具。毕竟宝宝的餐具主要还是以安全实用为标准。

应避免的7类餐具

1 材质为玻璃、陶瓷的餐具：一方面易碎，另一方面还可能划伤宝宝。

2 西式餐具，刀、叉：既坚硬又尖锐，很容易造成意外伤害。

3 筷子：使用筷子是一项难度很大的技术，不应要求宝宝学习，一般要到宝宝3~4岁时才可练习。

4 塑料餐具：塑料餐具在加工过程中会添加一些溶剂、可塑剂与着色剂等，有一定毒性，而且容易附着油垢，比较难清洗，不是理想的餐具，尤其是那些有气味的、色彩鲜艳、颜色杂乱的塑料餐具，其中的铅含量往往过高。

> **贴心提示**
>
> 大人和宝宝不要共用餐具，宝宝的餐具应该专用，大人的餐具无论是大小还是重量都不适合宝宝，还有可能将疾病传染给宝宝。

宝宝的餐具怎样清洗、储存

很多妈妈在清洗宝宝餐具时会选择婴儿用的奶瓶清洗剂来清洗，这种方法应该是比较普遍的，但毕竟清洗剂含有一些化学物质，如果没有将其彻底清洗干净，对宝宝来说还是不好的。现在提供给妈妈一种更安全实用的清洗宝宝餐具的方法：用面粉清洗。

在清洗宝宝的餐具前，先抓一小把普通面粉，放入宝宝餐具中，用手干搓几次，油腻多的话多搓一会儿就行。记住，一定要干洗！然后倒掉面粉，餐具放入水中正常清洗即可。面粉具有超强的吸油功效，便宜又没有任何污染，还没有任何残留物和味道。切勿用强碱或强氧化化学药剂如苏打、漂白粉、次氯酸钠等进行洗涤。

清洗好的餐具不要用毛巾擦干（因为毛巾也是细菌传播的一种途径），可放在通风处晾干，然后放入消毒柜中储存。使用前要记得用开水烫一下消消毒，更安全可靠。如果没有消毒柜，则应定期用开水蒸煮消毒。

密胺餐具不适合微波炉、电消毒柜、烤箱中使用，否则会出现开裂现象。应用煮沸热水浸泡消毒。清洗时用较柔软抹布，千万不要用百洁布、钢丝球之类的东西清洁餐具表面，不然会擦毛餐具表面，使之更容易受到污染。

❧ 贴心提示 ❧

餐具要及时清洗，不能长时间盛放盐、酱油、菜汤等，这些食品中含有许多电解质，长时间盛放，不锈钢与电解质起反应，有毒金属元素会被溶解出来。

宝宝消化不良能吃消化药吗

首先，父母应通过以下症状判断宝宝是否为消化不良。

1 拉绿色便便。

2 在睡眠中身子不停翻动，有时会磨牙。

3 食欲不振。

4 宝宝鼻梁两侧发青，舌苔白且厚，还能闻到呼出的口气中有酸腐味。

如果宝宝有以上症状，便可以初步判断宝宝消化不良，再结合宝宝具体的排便情况，便可以得出简单的结论了。

1 便便绿色稀水样，便数增多，宝宝精神状况较好，表示肠蠕动亢进，属饥饿性腹泻，应该增加奶量。如果精神状况差，伴有呕吐发热等症状，则可能为病毒性肠炎。

2 便便泡沫多，有灰白色的皂块样物，呈奶油状，表示脂肪消化不良，应减少油脂类食物。

3 便便带腐败性酸味，泡沫多，说明糖类或淀粉类过多导致消化不良，应适当减少。

4 便便臭味明显，不成形，则表示蛋白质腐败作用增加，也就是蛋白质过多导致消化不良，这个时候就应当减少奶量。

那么宝宝出现消化不良时能不能吃消化药呢？如果宝宝只是消化不良，最好是父母把大便，一个小时之内的大便，把这个大便送到医院化验。如果只是单纯消化不良的问题，可以不用特殊的药物治疗。一般不建议父母在家里乱用药物，如果症状较严重，最好在医生的指导下用药。

❖ 贴心提示 ❖

如果宝宝的精神状况不佳，还伴有呕吐发热或者便便中有异样颜色，需尽早到医院检查。

怎样观察宝宝的尿液是否健康

正常情况下，宝宝的尿色大多呈现出无色、透明或浅黄色，存放片刻后底层稍有沉淀。但尿色的深浅与饮水的多少及出汗有关，饮水多、出汗少的宝宝则尿量多而色浅，饮水少、出汗多的宝宝则尿量少而色深。通常早晨第一次排出的尿，颜色要较白天深。

寒冷季节，有些宝宝的尿色会发白，而且有一层白色沉淀。这种现象大多是由于宝宝肾未发育成熟，吃了含草酸盐或磷酸盐的食物，如菠菜、苋菜、香蕉、橘子、苹果等，尿排出后遇冷会形成结晶，使尿变混浊，妈妈不必惊慌。新生儿在最初几天尿色发深，稍有混浊，冷却后呈淡红色，这是尿酸盐的结晶，数天后会消失，是正常现象。

如果宝宝尿呈深黄并伴有皮肤、巩膜发黄，则可能患上了黄疸性肝炎；宝宝尿呈乳白色伴有发热、尿痛，可能患了肾盂肾炎；若宝宝尿呈鲜红色或肉红色，可能是血尿，是由肾炎、尿路结石、尿道畸形或肾肿瘤所致；若尿液混浊伴有高热、呕吐、食欲不振、精神不爽、尿痛和排尿次数频繁，宝宝可能患有泌尿系统疾病。

另外，一般未满周岁的宝宝尿量每天平均在500~600毫升，如果宝宝一日内的尿量多于3000毫升/平方米体表面积，便为多尿，若此时宝宝同时吃多、喝多，体重反而逐减，那么可能患了糖尿病。如果一日尿量少于250毫升/平方米体表面积，便为少尿，若同时伴有腹泻、口渴、唇干、无泪，则提示体内失水。

Part 2　4~12个月　宝宝断奶与辅食添加

❀❀ 贴心提示 ❀❀

不管是尿量还是尿色，出现异常情况，同时伴有其他不适症状，妈妈就应充分重视，及时带宝宝去医院诊治。

宝宝打针后若不适怎么进行护理

肌肉注射是一种极方便的给药方法，但有的药物在连续多次注射以后，就会在肌肉注射的局部发生硬块。

肌肉注射后发生硬块，主要是某些药物对人体组织有一定的刺激性；另外，宝宝在注射时不能很好配合，注射部位选择不当，使药液注入脂肪组织中，脂肪组织中血管少，药物不能很好被吸收；长期注射药物，加重了药物的刺激，使局部肿胀形成硬块。

出现硬块，局部可出现炎症反应，还会发生组织坏死，宝宝可感到疼痛，也可出现发热。因此，出现硬块后应及时处理。

热敷

注射局部产生疼痛或刚出现硬块时，可以及时热敷。方法是用热毛巾或热水袋，水温50~60℃，敷于硬块部位，每日早晚各1次，每次20~30分钟。同时局部轻揉，可以促进局部血液循环，加速药液吸收。但是如果硬块有波动感或出现脓头，就不可再热敷，要及时到医院检查。

硫酸镁溶液外敷

妈妈可用50%硫酸镁溶液，每次取50毫升倒入搪瓷碗中，加热水10毫升，取两块小毛巾或纱布，交替使用。先取一块毛巾，拧干后敷在硬块处，上面再用热水袋压住，5分钟更换一次，连续15分钟，每日3~4次。硫酸镁溶液热敷可使肌肉放松、血管扩张，促进血液循环，帮助药液吸收，使硬块变软，直至消失。

Part 2 4~12个月 宝宝断奶与辅食添加

❀ 贴心提示 ❀

如果经常用上述方法，宝宝的硬块没有得到缓解，妈妈可以带宝宝去医院做理疗，效果不错。

疫苗漏接种了，怎么办

给宝宝打疫苗一定选在他健康的时候。否则，疫苗本身有一些不良反应，易产生发热、疲倦、起皮疹等，可能加重宝宝病情；此外，宝宝生病时机体抵抗力差，不易刺激机体产生足够的抗体，也影响接种效果。

正因为此，再加上有的父母忙工作或忘了接种时间，导致一些宝宝漏接种疫苗，这应该怎么办好呢？

先确认漏接种原因。如果是因为过敏而漏接种了疫苗，应由医生决定是否该补种，如不能补种，询问医生该怎样为宝宝做什么样的预防工作，如是生病或其他原因，需提前和宝宝接种的医院联系，详细说明宝宝不能接种的原因，并按照医生安排的时间按时为宝宝补种。

一般而言，哪一针漏了，就从哪一针补种，之后仍按照正常顺序接种，没必要从第1针重种。注意，只顺延向后推迟漏掉的那针疫苗，其他疫苗可继续按照接种时间进行接种。如果和某种疫苗碰到一起了，是否能同时接种，预防接种医生会根据相碰的疫苗的种类，判断是否可以同时接种。是间隔一段时间，间隔多长时间，先接种哪一种，也由预防接种医生根据具体情况来决定。

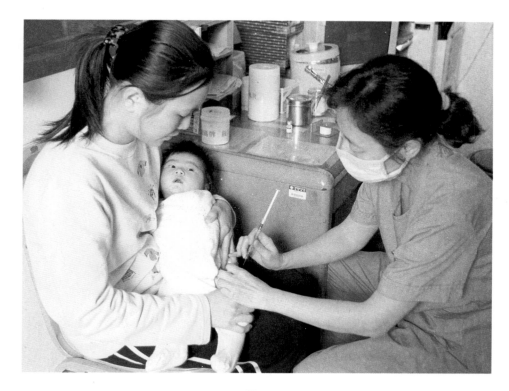

父母应多与宝宝沟通

安安静静、不吵不闹的宝宝，很容易被父母忽略掉。当家里有个"太乖"的宝宝，父母应该时时刻刻提醒自己，主动去关心、照顾他，多与他沟通，多激发他表达内心感受的欲望。

不论何时，当宝宝哭闹、缠着要父母抱或耍赖时，父母不要大声斥责他，应该告诉他："想要什么，就大声地告诉爸爸或妈妈，比如说肚子饿、想要有个伴、想要抱抱等。"另外，父母应该带领宝宝认识世界。有些宝宝天性好奇，他们对周遭的一切都感到有趣，想要探索全世界，父母可以借着宝宝认识世界的同时，建立亲子间紧密的联系，培养宝宝的信赖感。

❧ 贴心提示 ❧

有些宝宝本来很活泼，却突然变得很乖，很可能是得了急性病的表现，家人应该速带宝宝去医院诊治。

宝宝门牙之间有缝影响以后牙齿发育吗

很多父母都会发现，在宝宝长牙的时候，尤其是对于正处在换牙期的宝宝来说门牙常常会出现不同程度的缝隙，有的父母们认为，宝宝门牙有缝是"漏财缝"，会丧失财运，其实这种说法是不正确的。

乳牙稀疏有缝叫生理间隙。一般来说，乳牙的大小会相对小一些，而且中间有一定缝隙，这主要是为恒牙的萌出留出足够的空间。所以宝宝的乳牙稀一些，但总数目不少，这基本还是正常的，父母不必着急。

而且，在儿童换牙期，新长出的门牙间也会出现一条1~2厘米的缝隙，这也属于恒牙萌发过程中一种常见现象。它多半是由于一些宝宝的上颌骨发育跟不上牙的生长所造成的。门牙的牙根都呈锥形，在较小的颌骨里，门牙的牙根挤在一起，使门牙呈扇形排列，牙冠便呈现缝隙。随着颌骨的发育长大，多数小孩的门牙间隙会自行关闭。

不过，也有少数的小孩是因为两个门牙之间有多生牙，所以才会存在空隙的，只要拍片就可以发

现。当然，还有极少数小孩是因为唇系带长得又粗、又低，使两个中切牙不能靠拢导致的，这些就需要进行手术治疗了。

因此，建议在宝宝长牙期间，父母一定要定期带宝宝到医院进行口腔检查，及时发现牙齿问题，及时治疗，从而最大限度地减少宝宝牙齿存在的问题。

❀ 贴心提示 ❀

宝宝牙齿有缝，吃肉时容易将肉夹在缝隙中，这时妈妈不要用牙签给宝宝剔牙，可以试着用牙线为宝宝清除牙缝中的残余，也可以给宝宝漱漱口。

如何为宝宝进行口腔清洁

宝宝10~12个月大时，乳牙已经萌发出好几颗了，乳牙的好坏可能影响日后恒牙的萌出和牙齿的整齐和美观。由于宝宝既不会漱口也不会刷牙，口腔容易滋生细菌，对乳牙生长不利。因此，父母应该经常给宝宝清洁口腔。

清洁乳牙工具

已洗净消毒的乳牙刷、4厘米×4厘米的纱布、张口器（橡皮水管、针顶、数片压舌板以纱布或医用胶布缠绕好，压舌板如果太长，可折去一部分）、装开水的奶瓶。

清洁方法

让宝宝躺在床上，然后妈妈和宝宝面对面，或妈妈将双腿盘起，让宝宝头靠在自己的小腿上，或让宝宝躺在妈妈大腿上，妈妈从侧方帮宝宝刷牙。

妈妈用一只手的食指稍微拉开宝宝的颊黏膜，如果怕被宝宝咬伤，可套上橡皮水管或针顶，或直接让宝宝咬住压舌板。

妈妈用另一只手拿乳牙刷，或用手指缠绕纱布，按顺序从宝宝下腭牙齿的外侧面开始清洁，然后是内侧面、咬合面，再刷上腭牙齿的外侧面、内侧面、咬合面，总之要面面俱到。

刷牙方式以前后来回刷为宜，需特别留意刷牙齿和牙龈的交界处。

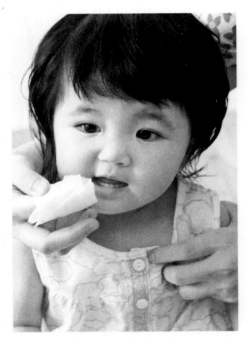

咬压舌板时，可先刷一边的上下腭牙齿，之后再换边。

刷前牙的外侧面时，可让宝宝牙齿咬起来，发"7"的声音，之后再让宝宝说"啊"，以方便刷牙齿的内侧面。

最后用温开水漱口，漱完后直接吞下也没问题。

宝宝是左撇子要不要纠正

多数左撇子智商相对较高

生活中我们看到，有的宝宝左手用得多，右手用得少，这叫左利手，俗称"左撇子"。

左撇子一般比较聪明。大脑皮层上的手部代表区非常大，因而手的活动对大脑功能的开发利用有着极为重要的作用。通常右利手的人大脑仅左半球的功能较发达，右半球的功能开发利用较少，而左撇子的右脑得到充分的开发利用，这就能极大地提高其整个大脑的工作效率，并且唯独左撇子们才有可能将大脑在左半球的抽象思维功能与右半球的形象思维功能合二为一。有的研究发现，信息从大脑通过中枢神经系统传递到左侧比传递到右侧快。

由于以上的原因，使得相当比例的左撇子智商较高。

不要强行改变宝宝的用手习惯

日常生活中左撇子确实会遇到许多困难。但是，强迫左撇子改用右手是有一定害处的。比如会造成左脑负担过重，左右脑功能失调，右脑功能混乱，阻碍宝宝创造力的发展。强行纠正左撇子还可能造成宝宝口吃、语音不清、唱歌走调、阅读困难、智力发育迟滞，甚至神经质。因此，对习惯用左手的宝宝，父母千万不可去强迫他们改用右手，最好的态度是顺其自然。

妈妈应当允许宝宝自由地使用左手。用左手做事已不会发生任何困难，现在左手用剪刀、机器等各种用具已应有尽有。

贴心提示

妈妈要多刺激宝宝不常使用的那只手，左撇子的宝宝可以多让他用右手捡球。宝宝用左手吃饭，就尽量让宝宝学会用右手写字等，但不可勉强。

怎样正确使用学步车

关于学步车，有很多妈妈会产生这样的疑问：学步车到底应不应该用？对于学步的宝宝来说，使用学步车有利有弊。妈妈可以根据宝宝的情况决定要不要给宝宝使用学步车。一般来说，只要正确使用学步车，对宝宝学步是有一定帮助的。但如果你的宝宝很勇敢，学走路相对来说不是特别难的话，就不需要学步车的辅助了，以免宝宝迷恋学步车，反而限制了其他的活动。

使用学步车的注意事项

1 不能过早使用。宝宝没有学会爬之前不要使用，否则易造成身体平衡和全身肌肉协调差，出现感觉统合失调，还会增加X形腿和O形腿的发生率。

2 使用学步车时，妈妈要在旁边看护。学步的环境要安全，严禁在高低不平的路面、斜坡、楼梯口、浴室、厨房和靠近电器等危险场所使用。

3 移除有电的东西：如电熨斗、电风扇，并记得拔除电插头、电线，以免宝宝被绊倒、缠住而发生意外。

4 学步车要调成适当高度，不要让宝宝因踩不到地板而踮脚尖，使得腿容易变成往外岔开的腿形，或者养成踮脚尖走路的习惯。

5 不要让宝宝使用学步车太久，避免宝宝因此而导致脚部变形，或是养成依赖学步车的习惯。建议一天之内可分成好几次给宝宝使用学步车，每次乘坐学步车的时间约30分钟就够了。

❧ 贴心提示 ❧

尽量购买正规厂家生产的学步车。按照说明书装配或使用，按宝宝的身高进行调节。

怎样教宝宝学走路

宝宝一般在10个月后，经过扶栏的站立已能扶着床栏横步走了。这时怎样来教宝宝学走路呢？

初学时，可让宝宝在学步车里学习行走，当步子迈得比较稳时，妈妈可拉住宝宝的双手或单手让他学迈步，也可在宝宝的后方扶住腋下或用毛巾拉着，让他向前走。锻炼一个时期后，宝宝慢慢就能开始独立地尝试，妈妈可站在面前，鼓励他向前走。初次，他可能会步态蹒跚，向前倾着，跌跌撞撞扑向你的怀中，收不住脚，这是很正常的表现，因为重心还没有掌握好。这时妈妈要继续帮助他练习，让他大胆地走第2次、第3次。渐渐地熟能生巧，会越走越稳，越走越远，用不了多长时间，宝宝就能独立行走了。1岁多时宝宝已能走得比较稳了。

学走路的时间规定

最佳时间：宝宝饭后1小时、精神愉快的时候，是练习的好时机。

练习时间：每天2~3次，每次走5~6步即可，可逐渐增加练习次数、拉长距离。

练习地点：选择活动范围大，地面平，没有障碍物的地方学步。如冬季在室内学步，要特别注意避开煤炉、暖气片和室内锐利有棱角的东西，以防止发生意外。

特别提示：不宜过早开始训练，每天练习的时间不宜过长，否则，宝宝的腿可能弯曲变形。

❧ 贴心提示 ❧

在宝宝学步时，妈妈应注意不能急于求成，更不能因怕摔就不练习了。要根据宝宝的具体情况灵活施教。

宝宝不会爬就想走有问题吗

根据近年的研究证实，爬行对宝宝身心发育有好处。婴幼儿时期会不会爬对宝宝的今后发育是很重要的，爬得越好，走得也越好，学说话也越快，认字和阅读能力也越强。

有些宝宝在应该爬的年龄因种种原因没有很好地爬过，如环境狭小限制了爬，天冷穿得太多爬行不便，妈妈怕地上冷、怕宝宝弄脏、怕出危险，还有很多妈妈只一味地想让宝宝早走而忽视爬行训练。一旦错过了爬的关键时期则很难再弥补。

即使宝宝不会爬，也会走、会蹦蹦跳跳的，但没有很好爬过的宝宝，在运动中经常显得动作不协调、笨手笨脚，很容易磕磕绊绊、走路摔跤。

另外，爬还可以促进宝宝大脑的发育，因为大脑的发育并不是孤立的，它需要接受并整合来自其他脑部（如小脑、脑干）的刺激而发育起来。爬是婴幼儿从俯卧到直立的一个关键动作，是全身的综合性动作，需要全身很多器官的参与。在爬的时候双眼观望，脖子挺起，双肘、双膝支撑，四肢交替运动，身躯扭动，这不仅需要自身器官的良好发育，更需要它们之间的协调运动，这些部位必须协调配合才能向前运动。因此，爬对大脑发育有很大的促进作用，并且可以治疗受伤后的大脑。

所以，父母应尽量让宝宝学会爬行，会爬的宝宝学走路也会更快、更灵活。

❧ 贴心提示 ❧

如果已经错过了爬行的最佳时期，宝宝已经开始学走路了，妈妈也最好让宝宝多在地上爬爬，多为宝宝创造爬行的条件和机会。

宝宝晕车怎么办

宝宝和大人一样，也会有晕车的现象，多表现为哭闹、烦躁不安、流汗、吐奶、面色苍白、害怕、紧紧拉住父母、呕吐等，下车后有好转。那么，可采取什么措施来预防宝宝晕车呢？具体方法是：

1 乘车前，不要让宝宝吃得太饱、太油腻，也不要让宝宝饥饿时乘车，可以给宝宝吃一些可提供葡萄糖的食物。

2 上车前可以给宝宝吃点咸菜，但不能太咸，吃一点点即可，否则会增加宝宝肾脏的负担。

3 上车前，可以在宝宝的肚脐处贴块生姜或伤湿止痛膏，以缓解晕车的症状。另外，尽量不要让宝宝在饥饿、过饱、疲劳、情绪低落时坐车。

4 上车后，父母可尽量选择靠前颠簸小的位置，可以减轻宝宝晕车的症状。

5 打开车窗，让空气流通。

6 尽量让宝宝闭目休息。

7 分散宝宝的注意力，可以给他讲故事、笑话。

8 发现宝宝有晕车症状时，妈妈可以用力适当地按压宝宝的合谷穴（合谷穴在宝宝大拇指和食指中间的虎口处）；用大拇指掐压内关穴也可以减轻宝宝的晕车症状（内关穴在腕

关节掌侧，腕横纹正中上2寸，即腕横纹上约两横指处，在两筋之间）。

9 随身携带湿巾，以防宝宝呕吐后擦拭；呕吐后让他喝些饮料，除去口中呕吐物的味道。

10 晕车厉害的宝宝，乘车前最好口服晕车药，剂量一定要小。1岁以内的宝宝不能服晕车药。

❧ 贴心提示 ❧

要想预防婴幼儿晕车，平时可加强锻炼，妈妈可抱着宝宝慢慢地旋转、摇动脑袋，多荡秋千、跳绳、做广播体操，以加强前庭功能的锻炼，增强平衡能力。

怎样给宝宝洗手、洗脚

洗手

手接触外界环境的机会最多，也最容易沾上各种病原菌，尤其是手闲不住的宝宝，哪儿都想摸一摸。如果再用这双小脏手抓食物、揉眼睛、摸鼻子，病菌就会趁机进入宝宝体内，引起各种疾病。所以，妈妈要经常给宝宝洗手。

1 用温水彻底打湿双手。

2 在手掌上涂上肥皂或倒入一定量的洗手液。

3 两手掌相对搓揉数秒，产生丰富的泡沫，然后彻底搓洗双手至少10~15秒钟；特别注意手背、手指间、指甲缝等部位，也别忘了手腕部。

4 在流动的水下冲洗双手，直到把所有的肥皂或洗手液残留物都彻底冲洗干净。

5 用纸巾或毛巾擦干双手，或者用热风机吹干双手，这步是必需的。

洗脚

经常给宝宝洗脚，不仅可去除脚上的污物，还可以促进局部的血液环境，增强足部皮肤的抵抗力。

给宝宝洗脚时要注意三点：一是水温，二是水量，三是浸泡时间。一般婴幼儿洗脚的水要用温水，即使是火热的夏天也要用温水，水温应保持在38~40℃，冬天洗脚水要保持在45~50℃。洗脚时的水量以将两足都浸在温水中为宜。浸泡时间以3~5分钟为宜。

洗脚时，妈妈可轻轻触摸宝宝脚板和脚背，让宝宝放松。洗完脚后要及时将宝宝的脚擦干，然后穿好合适的袜子即可。

> **❀ 贴心提示 ❀**
>
> 妈妈在给宝宝洗手、洗脚时动作要温柔，轻轻地擦洗，边洗边跟宝宝说话。等到宝宝大一些了，妈妈就可教宝宝自己洗手、洗脚了。

夏天给宝宝剃光头好不好

夏天，宝宝的头发不宜留得过长，因为除了通过呼吸排出人体部分热量外，皮肤排汗是排出热量的主要途径。但给宝宝剃太短的头发或剃光头也不可取，那样会导致以下几种疾病发生：

皮肤感染

剃短发或光头虽然在一定程度上可以帮助排汗，但汗液里的盐分也直接刺激皮肤，宝宝会觉得头皮瘙痒。另外，因宝宝头发较少，一出汗就会不自觉地用手去抓痒，一旦抓出伤痕，就很容易引起细菌感染。

日光性皮炎

头发是天然遮阳伞，可以使头部皮肤免受强烈的阳光刺激。如果宝宝头发过短或根本没有头发，无疑等于失去"遮阳伞"保护，从而增加了患日光性皮炎的可能。

损坏毛囊

剃短发或剃光头，增加了宝宝头部皮肤受创的机会。而宝宝头部皮肤

的抓伤或玩耍时的磕碰所致的外伤，都可能会引发头部皮肤上出现细菌感染。如果细菌侵入宝宝头发根部，损坏毛囊，便会影响头发的正常生长，甚至导致谢顶。

贴心提示

夏季最好给宝宝理个小平头。如果宝宝的头发已经剃掉了，一定得在外出时戴上小遮阳帽。同时，注意保持宝宝头皮的干燥，出汗就及时擦干，以减少汗液对宝宝皮肤的刺激。

Part 3

1~2岁
宝宝过渡到
以普通食物为主食

1~2岁宝宝身体发育情况

月 龄	身 长	体 重	出牙情况
13~15个月宝宝	76.96~78.3厘米	9.60~10.21千克	4~12颗
15~17个月宝宝	78.73~80.0厘米	9.95~10.55千克	8~16颗
17~18个月宝宝	80.40~81.6厘米	10.33~10.88千克	10~16颗
18~20个月宝宝	82.20~83.46厘米	10.69~11.24千克	12~20颗
20~22个月宝宝	84.26~85.56厘米	11.30~11.69千克	16~20颗
22~24个月宝宝	86.60~87.9厘米	11.66~12.24千克	16~20颗

1~2岁聪明宝宝怎么吃

1岁至1岁半宝宝

宝宝哺喂指导

转眼间，宝宝已经1岁，他开始进入幼儿期。他已经会走会讲，也已经可以跟成人一起吃饭，这时宝宝的营养要点有如下几个方面。

1 这个阶段宝宝跟大人饮食结构基本差不多了，每天都要摄取足够的主食、肉类、水果和蔬菜。

2 给宝宝做饭最好别放味精，盐放一点点就行，要比大人吃得淡。宝宝的食品应当尽量细、软、烂，以利于营养成分的吸收。

3 此阶段及以后是宝宝智力发育的黄金阶段，多吃富含磷脂酰胆碱和B族维生素的食物，大豆制品、鱼类、禽蛋、牛奶、牛肉等食物都是不错的选择。应尽量避免宝宝食过咸的食物，含过氧化脂质的食物，如腊肉、熏鱼等；避免食含铅的食物，如爆米花、松花蛋等；避免食含铅的食物，如油条、油饼等，以免妨害宝宝的智力发育。

4 宝宝这个时候可以吃大部分谷类食品了，小米、玉米中含胡萝卜素，谷类的胚芽和谷皮中含有维生素E，应该让宝宝适量摄入。但是，谷类中某些人体必需氨基酸的含量低，不是理想的蛋白质来源。而豆类中含有大量这类营养物质，因此，谷类与豆类一起吃可以达到互补的效果。

5 宝宝1岁后，很多水果都可以吃了，为了避免宝宝吃水果后出现皮肤瘙痒等过敏现象，有些水果在喂前可煮一煮，如菠萝、杜鹃等。

6 这个阶段乳品不再是宝宝的主食，但尽量保证每天饮用牛奶，以获取更佳的蛋白质。在保证一日三餐主食的同时，要保证宝宝每天喝两次奶，总量应保持在400~500毫升。

宝宝一日饮食安排

时间	用量
8:00	牛奶250毫升，小点心几块
10:00	饼干3~4片，酸奶1/2杯
12:00	软饭或稠米粥1小碗，鱼或肉50克，菜叶汤半碗
15:00	水果适量，蛋糕或其他小点心1块
18:00	面或饺子，海带丝炒肉丝
21:00	牛奶1/2杯

1岁半至2岁宝宝

宝宝哺喂指导

这个阶段的宝宝，生长速度明显慢于1岁以前，对食物的需求量也相对减少，所以对饭菜也不像以前那么感兴趣了。但为了保证宝宝营养的需求，又不能任由宝宝食欲或增或减，因此，妈妈可以变着花样地给宝宝做适合宝宝口味同样能满足其营养物质摄取的食物。

宝宝的主食以米、面、杂粮等谷类为主，是热能的主要来源；蛋白质主要来自肉、蛋、乳类、鱼类等食物；钙、铁和其他矿物质主要来自蔬菜，部分来自动物性食品；维生素主要来自水果、蔬菜。

在这个时期，要给宝宝多吃肉、鱼、蛋、牛奶、豆制品、蔬菜、水果、米饭、馒头等食物，以保证宝宝生长发育所需的各种营养素。在主食方面要注意粗、细粮的搭配，不要只吃粗粮或细粮，要轮着吃，或是混合着吃。

为了蛋白质的充分摄入，可以在宝宝的饮食中添加一些牛奶和鸡蛋。另外，可以给宝宝吃一些高钙的食物，以满足宝宝骨骼与牙齿发育的需求。

与植物类食品相比较，宝宝更容易从肉类食品中摄取铁质，所以要强调肉类的重要性，平均每天给宝宝吃15~30克的肉食。

这个阶段，宝宝膳食中盐、糖、脂肪等仍受限制，新鲜蔬菜、水果、食用瘦肉等要保证供应，全麦粉面包或粗粮仍是提倡的对象。

宝宝一日饮食安排

时间	用量
8:00	牛奶1/2杯，营养粥1碗
10:00	酸奶1/2杯，小肉卷或蔬菜饼适量
12:00	软米饭，营养菜
15:00	水果，饼干或小点心
18:00	软饭或馒头或面，营养菜和汤

1~2岁宝宝可以吃的食物

蔬菜肉卷

原料： 四季豆30克，胡萝卜80克，猪肉50克。

调料： 盐适量，米酒1勺。

做法：

1 猪肉片抹上米酒与盐，腌渍10分钟。

2 四季豆洗净，撕除老筋后切长段；胡萝卜洗净，去皮后切条。

3 猪肉片摊开后分别排上适量的四季豆段与胡萝卜条，然后包卷起来放入锅中蒸熟即可。

特点：猪肉是中国人消耗最多的肉类，营养丰富，味道鲜美。此品可以补充镁，防止宝宝镁缺乏。

做法小叮咛：可以用牙签来固定肉卷，蒸熟后拔掉即可。

柳橙金枪鱼沙拉

原料：罐头金枪鱼25克，橙子100克，酸奶适量。

做法：

1 将橙子去皮、去子，只取果肉部分。

2 将果肉混入金枪鱼中，淋上酸奶后拌匀即可。

做法小叮咛：用勺子将金枪鱼碾成碎末，防止卡到宝宝的喉咙。

特点：金枪鱼中的优质蛋白可以很好地被宝宝吸收，而橙子中丰富的维生素C还可以促进宝宝的食欲。

荷叶山楂茶

原料：干荷叶30克，干山楂15克。

做法：

1 将荷叶、山楂洗净。

2 一起水煮即可。

做法小叮咛：脾胃虚弱的宝宝不宜饮用。

特点：荷叶山楂茶可以清毒败火，增强肠胃功能，避免食物残渣二次吸收。

特点： 此品补肝养血、清热明目、美容润肤，可使人容光焕发，特别适合那些面色蜡黄、视力减退、视物模糊的体弱者。

🥣猪肝绿豆粥

原料：绿豆60克，猪肝、大米各100克。

调料：盐适量。

做法：

1 先将绿豆、大米大火煮沸后再改用小火慢熬。

2 煮至八成熟之后，再将切成片或条状的猪肝放入锅中同煮，熟后加盐调味即可。

做法小叮咛：猪肝剖开后去掉白色臊腺。

🥣香椿鸡蛋饼

原料：面粉适量，鸡蛋1个，鲜香椿200克。

调料：盐、油各适量。

做法：

1 鲜香椿下开水锅烫一下，挤干水分，剁成细末。

2 鸡蛋加水、香椿末、盐、面粉打匀。

3 平底锅倒油烧热，慢慢倒入面糊烙成煎饼即可。

特点： 香椿具有特别的清香，营养价值也非常高。这道香椿鸡蛋饼香气独特，色泽诱人，能令宝宝胃口大开。

做法小叮咛：把握好面粉和水的比例，不要调得过稀。

🍲清水蛏子汤

原料： 蛏子50克。

调料： 盐适量。

做法：

1 把活蛏子放入清水中一晚，让蛏子吐净沙子。

2 把水烧开，放入蛏子煮熟，加入适量的盐调味。

做法小叮咛：蛏子要选择外壳完整、闻之无腥臭味的。

特点：这道汤能为宝宝补充锌元素，令宝宝气血充盈，面色红润。

🍲鲫鱼蒸蛋

原料： 鲫鱼1条（约100克），鸡蛋1个（约60克）。

调料： 盐、香油各适量。

做法：

1 鲫鱼洗净，取出内脏，剔除鱼刺，然后将鱼肉切成丁。

2 鸡蛋打散，放入鱼肉丁，放入少量清水，加入盐、香油搅匀。

3 开炉火，蒸15分钟即可。

做法小叮咛：鱼刺一定要剔除干净。

特点：这道鲫鱼蒸蛋滋味鲜美，入口即化，营养丰富而且容易吸收。

特点：这道蛋羹富含营养，口味鲜美，易消化，非常适合宝宝日常食用。

火腿日式蛋羹

原料：火腿20克，鸡蛋1个。

做法：

1 把鸡蛋加入1倍的水打匀。

2 火腿切成丁倒入鸡蛋水中。

3 上笼蒸15分钟即可。

做法小叮咛：要用凉白开搅拌鸡蛋。

虾皮紫菜汤

原料：虾皮20克，紫菜50克。

调料：盐适量，香油少许。

做法：

1 把虾皮和紫菜放在清水中泡开。

2 将两种原料放入煮开的水中，放入盐调味。

3 最后滴入香油即可。

特点：虾皮富含钙质，能满足宝宝成长所需，促进骨骼生长。

做法小叮咛：紫菜要冲洗干净泥沙。

蟹味黄鱼羹

原料： 黄鱼500克，猪瘦肉100克，韭菜50克，鸡蛋1个。

调料： 姜末2克，酱油、料酒、香醋、淀粉各1/2勺，植物油适量。

做法：

1 将猪瘦肉切细丝。

2 黄鱼去头、尾，鱼骨剔除，留下鱼皮，与猪肉丝一起用清水洗净后放入盘中，加入少许姜末、料酒上笼蒸10分钟。

3 鱼取出后剔净小骨刺，切碎备用。

4 锅烧热后放入植物油，下肉丝煸炒，加入料酒、酱油，再将鱼末下锅，加适量水，烧滚后加入香醋、淀粉，最后放进打散的鸡蛋和韭菜、姜末即可。

特点：黄鱼、猪瘦肉都含有丰富的蛋白质和钾。此品可以补充钾，防止宝宝钾缺乏。

做法小叮咛：黄鱼要选择新鲜、鱼眼凸出的。

特点：这道汤清淡爽口，富含钾元素，适合宝宝每日饮用。

紫菜瘦肉汤

原料：紫菜（干）15克，猪瘦肉100克。

调料：姜丝3克，盐适量。

做法：

1 将紫菜用清水浸泡片刻；猪瘦肉洗净，切成条状。

2 猪瘦肉条与姜丝一起放入锅内，稍炒至八分熟后，加入适量清水，大火煮沸。

3 改为小火煲30分钟，放入紫菜，加入适量盐即可。

做法小叮咛：瘦肉先用湿淀粉抓匀，能让猪肉口感鲜嫩、不易老。

特点：番茄中含有丰富的维生素A、维生素C及维生素D，其酸性是由于柠檬酸及苹果酸所致。番茄的营养价值极高，含多种维生素，比苹果、梨、香蕉、葡萄等都高出2~4倍，能充分满足宝宝成长所需的营养元素。

番茄鱼糊

原料：净鱼肉100克，番茄20克，鸡汤适量。

调料：盐适量。

做法：

1 将净鱼肉煮熟后切成碎末。

2 番茄用开水烫后剥去皮，切成碎末。

3 锅内放入鸡汤，加入鱼肉末、番茄末，煮沸后用小火煮成糊状，加入盐即可。

做法小叮咛：番茄要选择红润、成熟的。

菊花蜜糖山楂露

原料：白菊花15克，金银花15克，山楂50克，大枣20克。

调料：糖适量。

做法：

1 金银花用水浸洗两次，沥干水分备用；白菊花用水浸洗两次，沥干水分备用；山楂用水冲洗一次，备用。

2 将适量水放入煲中，放入山楂、大枣，煲滚后改用小火煲30分钟。

3 加入金银花、白菊花，水滚后熄火焖5分钟，加入适量糖拌匀即可。

特点：山楂多产于北方，又名红果，是蔷薇科植物。山楂的果实能开胃消积、活血祛瘀。菊花能明目。金银花能散毒清热。这款料理能化积消食、健胃生津，又可清热解毒、明目。

特点：西蓝花具有增强机体免疫功能，维生素C含量极高，不但有利于人的生长发育，更重要的是能提高人体免疫功能，促进肝脏解毒，增强人的体质，增加抗病能力。

🥣 鸡蛋沙拉

原料：鸡蛋2个，西蓝花150克，酸奶适量。

做法：

1 将鸡蛋煮熟，蛋清切碎，蛋黄捣碎。

2 将西蓝花煮熟之后切碎。

3 将酸奶倒入盘中，撒上鸡蛋末和西蓝花末。

做法小叮咛：西蓝花一定要煮熟、煮软。

特点：酸奶能抑制肠道腐败菌的生长，还含有可抑制体内合成胆固醇还原酶的活性物质，又能刺激机体免疫系统，调动机体的消化功能。

🥣 鱼肉酸奶沙拉

原料：鱼肉80克，豌豆30克，酸奶适量。

调料：糖少许。

做法：

1 将鱼肉炖烂之后剔除鱼刺，将肉捣碎。

2 将豌豆煮熟，捣碎，同酸奶、糖拌好。

3 将鱼肉泥放在拌好的豌豆泥上。

做法小叮咛：鱼刺一定要剔除干净。

鸡肉木耳粥

原料： 鸡肉150克，木耳50克，白米30克。

调料： 盐适量。

做法：

1 鸡肉洗净煮熟，切丝；木耳用清水泡发，择洗干净，切丝。

2 白米煮成稀粥，加入鸡丝和木耳丝，继续煮20分钟。

3 放入盐调匀即可。

做法小叮咛：小火慢熬才能让鸡肉的营养充分溶解在粥里。

特点： 鸡肉含有丰富的蛋白质、脂肪、维生素B_1、维生素B_2、烟酸、维生素E、铁、钙、磷、钠、钾等成分，具有温中益气、补精添髓、强腰健骨等作用。此粥营养丰富，婴儿食用，可摄入多种营养素，供生长发育需要。

山药烙饼

原料： 淮山药30克，鸡内金12克，面粉、芝麻各适量。

调料： 红糖适量。

做法：

1 把淮山药和鸡内金炒至微黄后盛出。

2 再将其研成细末，加入适量面粉、芝麻、红糖拌匀。

3 加入适量水揉匀，入锅烙成饼即可。

做法小叮咛：山药的黏液有腐蚀性，削皮时要戴上手套。

特点： 山药含有淀粉酶、多酚氧化酶等物质，有利于脾胃消化吸收功能，是一味平补脾胃的药食两用之品。

萝卜炒鸡肝

原料： 鸡肝80克，胡萝卜60克。

调料： 米酒、酱油、小鱼干高汤、油各适量。

做法：

1 鸡肝洗净，切小丁；胡萝卜洗净，去皮后切小丁，放入滚水中汆1分钟后捞出沥干水分。

2 热锅中倒入少许油烧热，放入鸡肝丁、胡萝卜丁，以小火炒匀。

3 加入米酒拌炒数下后，淋入调匀的小鱼干高汤与酱油，续煮至汤汁收干即可。

> **特点：** 胡萝卜素转变成维生素A，有助于增强机体的免疫功能，在预防上皮细胞癌变的过程中具有重要作用。胡萝卜中的木质素也能提高机体免疫机能，有助于宝宝茁壮成长。
>
> **做法小叮咛：** 鸡肝要充分浸泡，清洗干净残血。

🥗胡萝卜沙拉

原料：胡萝卜100克，葡萄干30克，酸奶适量。

做法：

1 胡萝卜洗净，入锅煮熟，切成小块。

2 葡萄干洗净，切成小块，与胡萝卜块一同倒入碗中，拌匀酸奶即成。

> 做法小叮咛：胡萝卜的皮一定要削掉。

特点：维生素A是骨骼正常生长发育的必需物质，有助于细胞增殖与生长，是机体生长的要素，对促进宝宝的生长发育具有重要意义。

🥗土豆鲜蘑沙拉

原料：土豆200克，鲜蘑150克，胡萝卜、黄瓜各50克。

调料：芥末酱、白醋各适量，香油、胡椒粉、辣椒粉、盐各适量。

做法：

1 土豆、胡萝卜分别去皮洗净；鲜蘑洗净；3种原料同入锅煮熟，捞出凉凉，切丁。

2 黄瓜去皮、子，洗净，切丁，和鲜蘑丁、土豆丁、胡萝卜丁同倒入大碗中，加全部调料拌匀即成。

> 做法小叮咛：鲜蘑要充分煮熟后才能食用。

特点：土豆富有营养，含有丰富的维生素B_1、维生素B_2、维生素B_6和泛酸等B族维生素及大量的优质纤维素，还含有微量元素、氨基酸、蛋白质、脂肪和优质淀粉等营养元素，为宝宝提供全面营养。

宝宝喂养难题

宝宝吃得多为什么长不胖

一般来说，吃得多的宝宝长得相对胖一点，但如果宝宝吃得多却总长不胖，妈妈就需要看看宝宝是否消化不良，还需要从食物上找找问题所在。

如果宝宝消化功能差，吃得多，拉得也多，食物不能被充分吸收利用，这样就长不胖。妈妈平时需要培养宝宝良好的饮食习惯，饮食应定时、定量。

如果宝宝所食用的食物蛋白质、脂肪等含量长期偏低，体重也不会增加，宝宝的食物应该以丰富、均衡为原则。

另外，还要看看宝宝每天所需营养素的量是否跟得上。1岁多的宝宝活动量加大，如果每天所摄取的营养素跟不上宝宝运动量的需要的话，宝宝就长不胖。

不可忽视的一点，就是当宝宝有某种内分泌疾病的时候，他也可能表现为吃得多而体重下降，体质虚弱，此时应该带宝宝去医院全面体检，查出原因，及时治疗。

宝宝不喜欢吃肉怎么保证营养

宝宝之所以不爱吃肉，大多是因为肉比别的食物咀嚼起来费力，因此，做的肉食一定要软、烂、鲜嫩。

另外，给宝宝多食蛋白质类食物，如奶类、豆类、鸡蛋、面包、米饭、蔬菜等。如果每日平均喝2杯奶、吃3~4片面包、1个鸡蛋和3匙蔬菜，折合起来的蛋白质总量就有30~32克。

哪些食物有损宝宝大脑发育

腌渍食物：包括咸菜、咸肉、咸鱼、豆瓣酱以及各种腌渍蜜饯类的食物，含有过高盐分，会损伤脑部动脉血管，造成脑细胞的缺血、缺氧，造成宝宝记忆力下降、智力迟钝。

煎炸、烟熏食物：鱼、肉中的脂肪在经过200℃以上的热油煎炸或长时间暴晒后，很容易转化为过氧化脂质，而这种物质会导致大脑早衰，直接损害大脑发育。

含铅食物：过量的铅进入血液后很难排除，会直接损伤大脑。爆米花、松花蛋、啤酒中含铅较多，传统的铁罐头及玻璃瓶罐头的密封盖中，也含有一定数量的铅，因此这些罐装食品妈妈也要让宝宝少吃。

含铝食物：油条、油饼，在制作时要加入明矾作为涨发剂，而明矾（三氧化二铝）含铅量高，常吃会造成记忆力下降、反应迟钝，因此不要以油条、油饼做宝宝早餐。

※❀ 贴心提示 ❀※

合理地给孩子补充一些营养食物可以起到健脑益智的作用，反之，如果不注意食物的选择，孩子爱吃什么就让他毫无节制地吃，就可能不利于其身体甚至大脑发育。

哪些食品有健脑益智的作用

宝宝满1岁后，体重已经达到出生时的3倍，身高达到出生时的1倍半，其间宝宝大脑的早期发育也最快，应该多给宝宝添加富含优质蛋白、油酸及亚油酸等不饱和脂肪酸及DHA的婴幼儿辅食，让宝宝更加健康和聪明。

鸡蛋：主要含有人体必需的8种氨基酸、丰富的磷脂酰胆碱以及钙、磷、铁等，有益于大脑的发育。

核桃：核桃中所含脂肪的主要成分是亚油酸甘油酯，它可供给大脑基质的需要，而其含有的微量元素锌和锰是脑垂体的重要成分，可健脑。

香蕉：能帮助大脑制造一种化学成分——血清素，这种物质能刺激神经系统，对促进大脑的功能大有好处。

苹果：苹果含有丰富的锌，可增强记忆力，促进思维活跃。

鱼类：DHA、EPA等不饱和脂肪酸（称脑黄金）主要存在于鱼脑中，是宝宝神经和脑发育不可缺少的营养素，摄入足够量的脑黄金可提高脑神经细胞的活力，促进宝宝智力发育。

❀⊰ 贴心提示 ⊱❀

很多妈妈只给宝宝喝鱼汤，不给宝宝吃鱼肉。其实营养大都在鱼肉中，正确的吃法应是既吃肉又喝汤。

乳酸菌饮料是奶吗

市售的乳酸菌饮料虽然也标明含有乳酸菌、牛奶等成分，并且也都冠以某某奶，但实际上其中只含有少量的牛奶，其中蛋白质、脂肪、铁及维生素的含量都远远低于牛奶。一般酸奶的蛋白质含量都在3%左右，而乳酸菌饮料只有1%。

因此，从营养价值上看，乳酸菌饮料远不如酸奶，绝对不能用乳酸菌饮料代替牛奶、酸奶来喂宝宝。

适合宝宝的健康零食有哪些

科学地给宝宝吃零食是有益的，因为零食能更好地满足宝宝对多种维生素和矿物质的需要。在三餐之间加吃零食的宝宝，比只吃三餐的同龄宝宝更容易获得均衡的营养。

有营养的零食应当选择季节性的蔬菜、水果，牛奶、蛋、豆浆、豆花、面包、马铃薯、甘薯等，即使是小半个橘子、几片苹果、半个煮鸡蛋，少半罐的酸奶，都完全可以作为适当的零食。

含有过多油脂、糖或盐的食物，如薯条、炸鸡、奶昔、糖果、巧克力、夹心饼干、可乐和各种软饮料等，都不适合作为宝宝的零食。

零食宜安排在饭前2小时吃，量以不影响正常食欲为原则，1~3岁宝宝胃的容量在200毫升左右，一般零食的量应在几十毫升内，否则会影响下一餐的食欲。

❧ 贴心提示 ❧

所谓奶通常是指鲜奶、纯奶、酸奶及各种奶粉，长期喝乳酸奶或乳酸菌饮料，会使宝宝的生长发育受到很大影响。

Part 3 1~2岁宝宝过渡到以普通食物为主食

宝宝不爱吃蔬菜怎么办

到了1岁以后，一些宝宝对饮食流露出明显的好恶倾向，不爱吃蔬菜的宝宝也越来越多，但是不爱吃蔬菜会使宝宝维生素摄入量不足。

改善宝宝不爱吃蔬菜的方法有以下几种。

1 妈妈要为宝宝做榜样，带头多吃蔬菜，并表现出津津有味的样子。千万不能在宝宝面前议论自己不爱吃什么菜、什么菜不好吃之类的话题，以免对宝宝产生误导。

2 应多向宝宝讲吃蔬菜的好处和不吃蔬菜的后果，有意识地通过讲故事的形式让宝宝懂得，吃蔬菜可以使身体长得更结实、更健康。

3 要注意改善蔬菜的烹调方法。给宝宝做的菜应该比为大人做的菜切得细一些、碎一些，便于宝宝咀嚼，同时注意色、香、味、形的搭配，增进宝宝食欲。也可以把蔬菜做成馅，包在包子、饺子或小馅饼里给宝宝吃，这样宝宝会更容易接受。

宝宝每天可以吃多少水果呢

虽然水果中含有丰富的维生素和其他营养物质，口感也好，宝宝通常会喜欢吃，但吃得过量也会引起不适。对于营养不良的宝宝来说，加重了蛋白质的摄入不足；对于肥胖的宝宝来说，大量摄入高糖分水果进一步加重了肥胖，更不利于减肥。

餐前不要给宝宝吃水果，因为宝宝的胃容量还比较小，如果在餐前食用水果，就会占据一定的容积，从而影响宝宝正餐的营养素的摄入。最佳的做法是，把食用水果的时间安排在两餐之间，或是午睡醒来后，这样，可让宝宝把水果当作点心吃。

宝宝每天吃水果类150~250克即可，比如两片苹果可以在午饭、晚饭之间吃，早、午餐之间吃小半个橘子，睡前2小时吃1~2颗杏以帮助消化和睡眠。

❧ 贴心提示 ❧

如果宝宝只对个别几样蔬菜不肯接受时，妈妈不要采取强硬手段，不必太勉强，可通过其他蔬菜来代替，也许过一段时间宝宝自己就会改变的。

❧ 贴心提示 ❧

特别需要注意的是，不能用果汁代替水果，果汁是水果经压榨去掉残渣而制成的，会使水果的营养成分如维生素C、膳食纤维等发生一定量的损失，平时喝果汁最好自己做，并且做完后马上就喝。

怎样培养宝宝的咀嚼能力

近年来，儿童食品呈求精、求软的趋势，不少父母总喜欢让自己的宝宝常吃些细软的食物，这样虽有利于消化和吸收，但宝宝若长期吃细软食物，就会影响牙齿及上下颌骨的发育，宝宝会出现不会咀嚼的现象。

父母应尽早培养宝宝吃饭细嚼慢咽的习惯，在指导的过程中一定要有耐心，可以把吃饭变成游戏，如告诉宝宝："妈妈嚼一下，宝宝嚼一下。"使宝宝慢慢掌握吃饭的进度。

常吃些粗糙耐嚼的食物，也可提高宝宝的咀嚼功能。宝宝平时宜吃的一些粗糙耐嚼的食物有：白薯干、肉干、生黄瓜、水果、萝卜等。

宝宝可以吃汤泡饭吗

宝宝刚刚会吃饭的时候，妈妈想让他吃得快一点，常常用汤泡饭，慢慢地，宝宝会养成每次吃饭都想用汤泡饭的习惯。其实，用汤泡饭对宝宝有害无益，不宜采用。

汤泡饭对宝宝的不利影响有：

1 长期食用汤泡饭，宝宝会养成囫囵吞枣的习惯，除了难以养成良好的进食习惯，还会使其咀嚼功能减退，咀嚼肌萎缩，严重的会影响宝宝成人后的脸形。

2 大量汤液进入胃部，会稀释胃酸，影响消化液分泌，从而影响消化吸收，虽然宝宝吃得饱，营养却没吸收多少。

3 由于不经咀嚼就吞咽食物，会大大增加胃的负担，长此以往，宝宝在很小的年龄就可能生胃病。

4 宝宝的吞咽功能差，吃汤泡饭，很容易使汤液、米粒呛入气管，造成危险。

5 长期吃汤泡饭还容易使宝宝养成惰性，对待什么事情都敷衍塞责、马马虎虎。

❧ 贴心提示 ❧

宝宝吃饭时，应尽量让他细嚼慢咽，即便多花时间，也不要催促，吃不下时也不要勉强，可以等饿了再吃。

补钙剂需要吃到几岁

宝宝正处于骨骼和牙齿生长发育的重要时期，对钙的需要量比成人多，因此，要及时而适当地给他补钙。

根据我国儿童膳食调查，我国儿童膳食中钙的含量仅仅达到需要量的30%~40%，应该补充不足的钙量为150~300毫克，直到2岁或2岁半。

如果是人工喂养的宝宝，应在出生后2周就开始补充鱼肝油和钙剂。如果母乳不缺钙，母乳喂养儿在3个月内可以不吃钙片，只需要从出生后2周或3周开始补充鱼肝油，尤其是寒冷季节出生的宝宝。

贴心提示

补钙的同时一定要补充维生素D，2~3岁后最好通过食物来满足生长发育所需要的钙质，如有特殊情况请医生来决定。

补钙过量有什么危害

每个宝宝缺钙的程度各不相同，因而补钙多少也不同，一定要遵医嘱，过量地补钙对宝宝的身体发育会造成很大的危害。

1 可使宝宝囟门过早闭合，有可能限制脑发育。

2 骨骼过早钙化、闭合也会影响骨发育，影响宝宝的身高。

3 骨中钙的成分过多，会使骨骼变脆、易骨折，还会使宝宝食欲缺乏，影响肠道对其他营养物质的吸收，导致便秘及缺磷。

4 过量服用钙制剂，会抑制人体对锌元素的吸收。有缺锌症状的宝宝应慎重服用钙剂，宜以食补为主。

所以说，钙虽然是宝宝成长必需的元素之一，但也不是补得越多越好。如果宝宝骨骼线过早闭合，不长个儿，则可能是体内钙沉积过多，不能再给宝宝补钙。

贴心提示

有的父母误解了钙的作用，以为单纯补钙就能给宝宝补出一个健壮的身体，把钙片作为"补药"或"零食"长期给宝宝吃，这是错误的。盲目给宝宝吃钙片，很有可能造成体内钙含量过高而引起宝宝的身体不适。

什么食物会影响钙的吸收

在补钙的同时，妈妈要注意让宝宝少吃那些不利于钙吸收的食物。抑制钙吸收的因素包括食物中含有的草酸、植酸、脂肪酸和钠（盐）等，草酸可与食物中的钙形成不溶性钙盐，抑制钙吸收。

蔬菜如竹笋、菠菜、苋菜，就含有草酸盐、磷酸盐等盐类，它们与钙相结合生成多聚体而沉淀，所以蔬菜中钙的生物利用率非常低。如果在食用菠菜等蔬菜前，用开水先把它们焯一下，这样对钙的吸收会好一些。

另外，油脂类食品不能与补钙剂一起吃。因为油脂分解后会生成脂肪酸，它与钙结合形成奶块，不易被肠道吸收，钙最终会随大便排出体外，这将影响对钙的吸收。

如何促进钙的吸收

维生素D可以增进钙在肠道中的吸收度，加强补钙的效果，宝宝需要经常到户外晒太阳，这样可以促进体内维生素D的合成。开始时每天15分钟左右，逐渐延长，一般最好每天在户外晒太阳的时间不少于2小时。对于宝宝来说，上午10点前和下午2点后的阳光最适合。

橘子汁或鱼肝油与钙补充剂一起吃，可以很好地促进钙的吸收，需要注意的是，夏天不补，冬天必补，春秋天酌情补。要综合全面考虑宝宝各方面的情况，最好在医生指导下服用。

如果用钙片补钙，注意不要和牛奶一起吃，而应该在喂奶后的1~2小时后，待宝宝胃中的食物大部分排空后再给宝宝补钙。

如果服用补钙制剂，最好在医生的指导下进行，以免补钙过量，对宝宝不利。

❦ 贴心提示 ❦

宝宝这时期的辅食最好不要添加食盐，或者只添加少量食盐。吃盐多，不仅尿钙量增加，骨钙的流失也增加，这样补多少钙都是无用功。

❦ 贴心提示 ❦

鱼类、虾皮、虾米、海带、紫菜、豆制品、鲜奶、酸奶、奶酪等食物中含有丰富的钙，可以常给宝宝吃。

可以用豆奶代替牛奶吗

豆奶是以豆类为主要原料制成的，含有较多的蛋白质及镁、B族维生素等，对大人来说，是一种较好的健康饮品，但不宜经常给宝宝饮用，更不能以豆奶代替牛奶。

豆奶与牛奶相比，蛋白质含量与牛奶相近，但维生素B_2只有牛奶的1/3，烟酸、维生素A、维生素C的含量则为零，铁的含量虽然较高，但不易被人体所吸收，钙的含量也只有牛奶的一半。

因此，宝宝以喝牛奶为主比较好，可适当喝些豆奶，1千卡热量的牛奶中，有188毫克的胆固醇，豆奶则不含胆固醇，饱和脂肪酸也较低，尤适宜肥胖宝宝和对乳糖过敏的宝宝，但豆奶绝对不能完全代替牛奶。

怎样帮宝宝改掉用奶瓶喝东西的习惯

大多数儿科医生会建议宝宝在1岁左右开始丢掉奶瓶，到1岁半的时候坚决不再使用。如果宝宝不愿意配合，妈妈可以尝试这样做：

为使事情进展顺利，妈妈可以先从午餐开始，逐渐发展到晚上和早上不用奶瓶，最后再到临睡前也不用奶瓶给宝宝喂东西。

如果宝宝夜间醒来，哭喊着要用奶瓶喝东西，妈妈应该坚决拒绝。这时可以用可爱的小杯子装上食物和水，用小勺喂给宝宝。

如果这种办法不奏效，妈妈可以在临睡前给宝宝吃一个水果或有营养的小点心，为宝宝增加营养，预防宝宝夜间醒来。

如果平时喝水用的是奶瓶，这时要逐渐用杯子来代替。

贴心提示

如果宝宝喜欢抱着安慰物才能入睡，一定不要给他奶瓶，可以让他抱一件自己喜欢的玩具或是拉紧毯子等。

176

日常生活护理细节

规律宝宝的作息时间

如果宝宝很小的时候，生物钟就被打乱，作息没有规律，有晚上不睡、早上不起的坏毛病，那么宝宝将来会很难适应幼儿园或学校生活。妈妈应该从小就为宝宝建立生活时间表，这样会让宝宝每天在同一时间想做同一件事情，慢慢形成良好的生活习惯。

6:30~7:00	起床，大、小便
7:00~7:30	洗手，洗脸
7:30~8:00	早饭
8:00~9:00	户内外活动，喝水，大、小便
9:00~10:30	睡眠
10:30~11:00	起床，小便，洗手
11:00~11:30	午饭
13:00~13:30	户内外活动，喝水，大、小便
13:30~15:00	睡眠
15:00~15:30	起床，小便，洗手，午点
15:30~17:00	户内外活动
17:00~17:30	小便，洗手，做吃饭前准备
17:30~18:00	晚饭
18:00~19:30	户内外活动
19:30~20:00	晚点，洗漱，小便，准备睡觉
20:00~次日晨	睡眠

宝宝晚上不肯睡觉如何哄

如果认为宝宝1岁多了，晚上的入睡也就相对容易了，那可就错了。这个时期的宝宝越发喜欢对妈妈撒娇。可以说，这个时候的宝宝几乎没有在妈妈给他换上睡衣、盖上被子就安安静静入睡的。他们普遍会闹着要妈妈陪在身边睡，或吮吸妈妈的奶头，或摸着妈妈的头发、耳朵等才能入睡。那么，妈妈到底应不应该满足宝宝，以帮助他安心入睡呢？

尽管这个时候，宝宝已经能独立玩耍了，但在宝宝的内心深处，仍然有一种对妈妈割舍不断的依恋。这种依恋常表现为把妈妈拉到自己的身边。作为妈妈如果拒绝宝宝的这种依恋，强行要求宝宝自己去睡，宝宝不但不会听话，还会产生仇恨心理，导致宝宝性格上的叛逆与霸道，这对宝宝的生长发育是不利的。因此，入睡前，宝宝想让妈妈在身边的话，妈妈就应该高兴地满足宝宝，让宝宝安心、快速地进入梦乡。在母子同睡一室的情况下，这样才是自然的。

如果洗澡能使宝宝快点入睡的话，就给宝宝洗完澡再让他睡。入睡前吮吸手指的宝宝较多，但是，如果一开始陪着宝宝睡的妈妈就握着宝宝的手的话是可以预防的。这多半是由于强迫宝宝自己睡觉而养成的毛病。而一旦吮吸手指成癖，妈妈也不必紧张，只要躺在宝宝身边陪着宝宝，宝宝就能很快入睡，因而吮吸手指的时间也就变短了。

❧ 贴心提示 ❧

宝宝如果睡午觉，晚上入睡的时间就会相应地推迟。睡了午觉的当天晚上，最好不要让宝宝睡得太早。在被子里躺着不能入睡，时间一长，宝宝就会或是吮指，或是嚼被角。最好是在宝宝到了特别困的时候才让他上床睡觉。

如何防止宝宝尿床

1~2岁宝宝夜间尿床是正常生理现象，为减少夜间尿床的次数，使宝宝2~3岁以后不再尿床，可采用以下办法预防宝宝尿床：

避免过度疲劳

过度疲劳会导致宝宝夜间睡得太熟，夜间睡眠太熟的宝宝，白天一定要睡2~3小时，睡前不宜过于兴奋，必须小便后再上床睡觉。

晚餐不要太咸，餐后要控制汤水

晚餐不要吃得太咸，否则宝宝会不断想喝水，水喝多了势必会造成夜尿多；晚餐要少喝汤，入睡前一小时不要让宝宝喝水；上床前要让宝宝排尽大小便，以减少入睡后尿量。

夜间把尿

夜间要根据宝宝的排便规律及时把尿，把尿时要叫醒宝宝，在其头脑清醒的状况下进行。随着宝宝年龄增长，应培养宝宝夜间能自己叫妈妈把尿的能力，夜间小便的次数，也可逐渐减少或不尿。一般到1~2岁时，宝宝隔3小时左右需排一次尿，每晚把尿2~3次即可。

训练宝宝控制排便

白天要训练宝宝有意控制排便的能力，如当宝宝要小便时，可酌情让其主动等几秒钟再小便等。教宝宝排便时自己拉下裤子，也可培养有意控制排便时间的能力。

❧ 贴心提示 ❧

夜间排尿时，一定等宝宝清醒后再要求宝宝排尿，很多5~6岁甚至更大些的宝宝尿床，都是由于幼儿时夜间经常在蒙眬状态下排尿而形成的习惯。

宝宝养成午睡习惯很重要

足够的睡眠，能使宝宝精神活泼、食欲旺盛，促进正常的生长发育。宝宝活泼好动，容易兴奋也容易疲劳，所以宝宝年龄越小睡眠时间越长，次数也越多。到了1岁半以后，白天还需睡一次午觉。因宝宝活动了一个上午，已经非常疲劳，在午后舒舒服服地睡一觉，使脑细胞得到适当休息，可以精力充沛、积极愉快地进行下午的活动。午睡对于1~3岁的宝宝来说是必不可少的。

然而，父母常常因宝宝不愿意午睡而伤透脑筋。这就要找一找原因，并采取相应的措施。如果宝宝每天早上睡懒觉，到了午后还不觉疲劳，自然不肯午睡。父母要注意调整宝宝的睡眠时间，早上按时起床，上午安排一定的活动量，宝宝有疲劳感就容易入睡了。

父母应在固定的时间安排宝宝午睡，节假日带宝宝上公园或到亲戚朋友家做客，也不要取消午睡。当然，父母不可用不正确的方法强制宝宝午睡，这会使宝宝产生反感，而应该是耐心地加以提醒："该午睡了，睡醒再玩。"

如果家里环境不够安静也会影响宝宝的午睡，这就要求父母能为宝宝创设一个安静的空气新鲜的睡眠环境，做到在宝宝午睡时不高声谈话或发出较大的响声，适当开窗，拉好窗帘。

❀❀ 贴心提示 ❀❀

刚开始培养宝宝睡午觉的习惯时，妈妈应陪宝宝一起午睡，这样宝宝就会认为午睡是每个人每天必做的事情，会比较容易接受。

宝宝不喜欢理发怎么办

很多宝宝都不爱理发，会哭闹。这个年龄的宝宝不爱理发是很正常的现象。造成宝宝不愿意理发的原因有很多，如最开始理发师弄疼了他，洗头时水弄进眼睛、鼻子或耳朵里了，头发渣掉在身上，扎皮肤等。这些在大人看来无所谓的小细节，却成为宝宝记忆中不太愉快的经历，让宝宝对理发望而生畏。那么，有什么好的方法可以让宝宝乖乖理发吗？

1 理发时，除了尽量避免以上情况出现外，还要消除宝宝的恐惧心理。可以带宝宝和其他小朋友一起去理发，并跟宝宝说："宝宝和哥哥一起剪头发，看谁更乖一些。"也可以妈妈和宝宝坐在一起理发，告诉宝宝理发不可怕。看到宝宝不愿意理发时，千万不要强迫，这样更会加重宝宝对理发的恐惧心理，也不利于宝宝的心理健康。

2 妈妈可以自己买一套理发工具，让宝宝最喜欢、最亲近的人——妈妈给他理发，其他家人在旁边拿着玩具吸引他的注意力，一般就能很顺利地把头发理好。关键是妈妈之前要学会比较好的理发手法，以免弄疼宝宝，适得其反。

3 经常带宝宝去一家固定的理发店，与理发师熟悉熟悉，消除陌生感。去理发之前要告诉宝宝理完发之后他会变得更神气，理完之后还要说些"真帅，真好看"之类赞美的话。妈妈和家人还可以和他一起理，比比理完后谁更漂亮一些。宝宝渐渐就会把理发和愉快的感觉联系在一起，再也不会哭闹反抗了。

❀ 贴心提示 ❀

父母对不爱理发的宝宝要多启发，进行耐心教育，千万不可用强制手段，如用胳膊夹住宝宝，按住脑袋等给宝宝理发，这样做的结果，只能增加其恐惧及厌烦心理。

宝宝经常上火怎么办

宝宝上火是很常见的，如嘴角溃疡、腹痛还有大便秘结，虽然不是大病，可是也会影响宝宝的生长发育，尤其天气干燥、炎热时更容易上火。所以，妈妈要在日常生活中细心地呵护宝宝，以防宝宝上火，影响其生长发育。

1 保证宝宝睡眠充足。幼儿睡眠时间稍长，一般为12个小时左右。人体在睡眠中，各方面功能可以得到充分的修复和调整。

2 培养宝宝良好的进食习惯，不挑食、不偏食。并注意多给宝宝吃一些绿色蔬菜，如卷心菜、青菜、芹菜等。蔬菜中的大量纤维素可以促进肠蠕动，使大便顺畅。

3 平时多注意控制宝宝的零食，不给或少给宝宝吃易上火的食物，

如油炸、烧烤食物。少吃瓜子或花生、荔枝。尽量少喝甜度高的饮料，最好喝白开水。

4 让宝宝养成良好的排便习惯，每日定时排便1~2次。肠道是人体排出糟粕的通道，肠道通畅有利于体内毒素的排出。

5 秋冬季节天气干燥，易上火，应该注意及时补充水分，水要多喝，保证每天至少在8杯以上。

6 在炎热季节，可给宝宝喂些绿豆汁或绿豆稀饭，给较大宝宝适当吃些冷饮，如冰淇淋、雪糕等。此外，服些清热降火的中成药或煎药如夏桑菊冲剂、荷叶、紫苏、荸荠等，不仅可以清热降火，也可补脾养胃。

7 父母不要想当然地给宝宝食用各种补品，以免燥热上火。

❈ 贴心提示 ❈

如宝宝患上疱疹性口炎或溃疡性口炎，妈妈须及早带宝宝看医生。

如何训练宝宝自己吃饭

1 如果宝宝总喜欢抢着拿勺子的话，妈妈可以准备两把勺子，一把给宝宝，另一把自己拿着，让他既可以练习用勺子，也不耽误把他喂饱。

2 教宝宝用拇指和食指拿东西。

3 给宝宝做一些能够用手拿着吃的东西或一些切成条和片的蔬菜，以便他能够感受到自己吃饭是怎么回事。如土豆、红薯、胡萝卜、豆角等，还可以准备香蕉、梨、苹果和西瓜（把子去掉）、熟米饭、软的烤面包、小块做熟了的嫩鸡片等。

4 1岁左右的宝宝最不能容忍的就是妈妈一边将其双手紧束，一边一勺一勺地喂他。这对宝宝生活能力的培养和自尊心的建立有极大的危害，宝宝常常报以反抗或拒食。

5 宝宝并不见得一定是想要自己吃饱饭，他的注意力是在"自己吃"这一过程，如果只是为训练他自己吃饭，不妨先喂饱了他，再由着他去满足学习和尝试的乐趣。

6 千万不要给宝宝可能会呛着他的东西吃，最好也别让他接触到这些东西，如圆形和光滑的食物（整个葡萄）或硬的食物（坚果或米花）。

7 1岁多的宝宝基本上可以吃成人吃的饭菜了。妈妈做饭时，在准备放盐和其他调料之前，应该把宝宝的那份饭菜留出来，然后一起上桌，一家人坐在一起吃饭。

❀ 贴心提示 ❀

当宝宝自己吃饭时，要及时给予表扬，即使他把饭吃得乱七八糟，还是应当鼓励他。如果宝宝把饭吃得满地都是，可以在宝宝坐着的椅子下铺几张报纸，这样一来等他吃完饭后，只要收拾一下弄脏了的报纸就行了。

怎样知道宝宝身高是否长得过慢

身高能否如意，取决于几个因素，首先是遗传因素，占70%，此外，取决于其他条件，包括运动、营养、环境和社会因素等。

出生后头3个月，平均每月长3.5厘米；出生后3~6个月，平均每月长2厘米；出生后6~12个月，平均每月长1~1.5厘米。宝宝出生第1年平均共长25厘米，第2年平均共长10厘米，第3年平均长8厘米。如果你的宝宝增长速度低于上述值的70%，那么可以判断为长得慢。

如何预测宝宝未来身高

宝宝身高受遗传影响较大，从父母的身高可以一定程度上预测宝宝未来所能达到的身高。

【男孩】未来身高（厘米）＝（父亲身高+母亲身高）×1.078÷2

【女孩】未来身高（厘米）＝（父亲身高×0.923+母亲身高）÷2

本公式可以看出遗传因素决定了身高的可能性，但是如果后天其他的因素影响，身高还可能有±6~7.5厘米的变化。

遗传因素对宝宝身高的影响不是绝对的，在遗传学上身高的遗传度为0.72，意思是说子女的身高有72%受遗传影响。那么还有其他哪些因素会影响宝宝的长高呢？后天因素，如饮食、运动、睡眠等。

贴心提示

有的宝宝刚开始会长得慢些，只要妈妈给予的营养均匀，并经常进行户外运动，睡眠质量也较好，妈妈就不需要太担心，千万不可因为宝宝比同龄宝宝长得慢一些，就无限制地给宝宝吃大鱼大肉。营养过剩也会影响宝宝生长，使宝宝生长得过慢。

宝宝囟门还没闭合有问题吗

囟门就是宝宝颅骨间还没有完全骨化的部分，包括前囟门和后囟门两部分。不过我们通常说的囟门大多是指前囟门。前囟门是指两块额骨、顶骨间形成一个无骨的，只有脑膜、头皮及皮下组织的菱形空间，其外观平坦或稍微下陷，常可以看到它会随着宝宝脉搏的跳动而跳动。

正常情况下，宝宝头顶的囟门一般在12~18个月闭合。囟门的闭合是反映大脑发育情况的窗口，如果宝宝的囟门在6个月之前闭合，说明宝宝可能小头畸形或脑发育不全；在18个月后仍未闭合，可能是疾病所引起的，父母需重视。

如果宝宝到了18个月大时，囟门还是没有闭合，父母就应该请医生帮宝宝仔细检查一下，以便找出病因

及时治疗。最常见的原因是维生素D缺乏引起的佝偻病（俗称软骨病）。建议父母请儿科医生检查一下，看看有无其他佝偻病的迹象，如头部呈四方形、双肋串珠状突起、腿脚呈O形或X形、手腕或脚踝肿起等。佝偻病宝宝还常常伴有烦躁、易怒、睡不安稳、出汗多等表现，学坐、站立和走路等动作也会迟一些。

单纯佝偻病引起的囟门迟闭，在治好佝偻病后不影响智力。若囟门迟闭是由于脑积水引起的话，智力会明显低下。脑积水除囟门大外，还会有大头、颅缝分离、头皮静脉曲张、双眼珠下沉和智力低下等表现。另外，甲状腺功能低下、侏儒症等疾病，前囟闭合也会延迟。

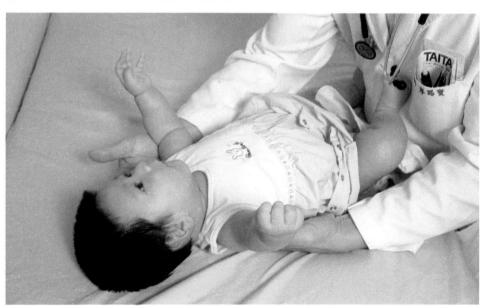

宝宝长倒睫毛如何处理

小儿长倒睫毛非常常见。由于婴幼儿脸庞短胖，鼻梁骨尚没发育，眼睑（俗称眼皮）脂肪较多，睑缘较厚，容易使睫毛向内倒卷，形成倒睫。一般的小儿长倒睫毛是无害的。随着宝宝年龄的增大、脸形的变长、鼻骨的发育，多数的倒睫是可以恢复正位的，父母们不必为此太过担忧。但是如果倒睫毛刺激眼球很难受，甚至导致结膜充血、发炎等时可以前往医院进行治疗。

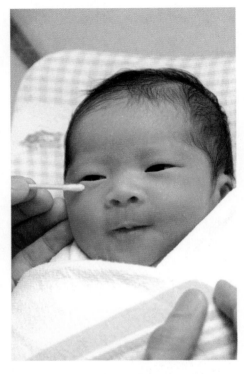

提醒：宝宝倒睫切忌自行拔除或剪去，因为拔除睫毛不当往往会损伤毛囊和睑缘皮肤，造成睫毛乱生倒长和睑内翻，而经剪切的睫毛会越长越粗。如果发现宝宝的倒睫毛确实影响到了生活和健康，要前往医院让专科医生来进行治疗，倒睫毛的问题并不严重，一般前往正规医院眼科即可。如果父母不放心，或者有另外的眼部问题想要咨询，可以选择较为知名的小儿眼科医院咨询就诊。

父母应注意到：宝宝喜欢揉眼，往往会使倒睫毛加重，父母要尽量制止；宝宝泪多，这与倒睫毛刺激有关，但必须与泪道阻塞相鉴别；宝宝容易患结膜炎，这是因为宝宝时常揉眼，把病菌带入眼里引起的。当宝宝患结膜炎时，要及时带宝宝上医院诊治。

父母可做的是：经常按摩宝宝的下眼睑，这对促进康复有一定好处，必须坚持下去。经常点一些抗生素眼药水或眼膏（用药须遵医嘱），可减少睫毛的刺激，起到防止感染和保护眼球的作用。

☙ 贴心提示 ❧

对于倒睫毛，医院主要有两种手段，一是倒睫毛拔除术，二是倒睫毛电解术，用电解的方法破坏睫毛毛囊，减少睫毛再生。

如何早期发现宝宝视力异常

根据以下状况可以早期发现宝宝视力异常：

1　宝宝对细小的玩具不感兴趣，没有伸手去拿的表现。

2　当宝宝的一只眼被盖住时，宝宝会哭闹或用手扯开挡住之物，说明这只眼睛视力良好。如果盖住另一只眼睛时反应不大，说明这只眼睛的视力可能较差。

3　如果宝宝看东西时头偏向一侧，是因为两眼不平衡，可能一眼高一眼低，或者出现复视，所以用头来矫正。这种与斜颈不同，如果将宝宝的一只眼睛盖上，头就不会偏斜，这种情况应当到眼科诊治。

4　有弱视的宝宝会畏光，在阳光下会将视力差的眼睛闭上。

5　视力不良的宝宝活动范围受限，因为看不清周围景物与自己的距离、高低或深浅的关系，所以动作缓慢，比较小心。

6　黑眼珠过大，夜里经常啼哭、烦躁不安，有可能是先天青光眼，应赶快治疗，否则会致盲。

7　瞳孔发白反光，可能是先天白内障，应马上手术治疗。

8　在瞳孔区有黄光反射，如猫眼可能是"黑蒙猫眼"，即视网膜母细胞瘤，是恶性的肿瘤，应马上到眼科治疗。

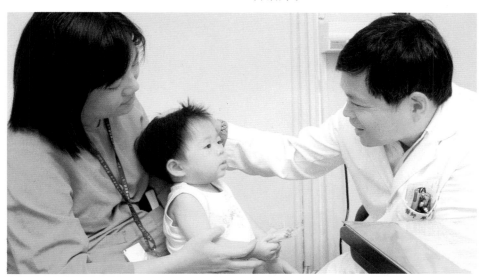

Part 3　1～2岁宝宝过渡到以普通食物为主食

贴心提示

宝宝从1岁开始，每年应到眼科检查一次，最常见的弱视和屈光不正都应早期发现，及早治疗才能挽救视力。

宝宝爱玩自己的生殖器，需要纠正吗

你可能会发现这个时期的宝宝非常喜欢把玩自己的生殖器，主要是男宝宝，总喜欢玩自己的小鸡鸡。这边妈妈刚把他的小手拿开，那边他的小手就不自觉地伸了过去。

实际上，宝宝的这种行为并不是什么大事，根本不足为奇，只是幼儿期一时性的现象，到了一定的时候会自己改正过来。因此，父母对于宝宝玩生殖器的动作，只当没看见，不用大惊小怪，也不要呵斥宝宝，或强行纠正。

首先妈妈要平静对待宝宝的这种行为。这么小的宝宝还没有性的观念，玩自己的生殖器，仅仅因为他对这个器官感兴趣，就好比他玩自己的小手、小脚和肚脐眼一样。宝宝的这种行为并不值得父母担忧，父母没必要把事情看得那么严重，只要平静地看待他的这种行为就可以了。

其次妈妈要多关怀宝宝，看看宝宝有哪些感情和要求还没有得到满足，是不是户外活动少了，父母和宝宝接触时间少了，宝宝感觉寂寞无聊了，尽量去满足宝宝的心理、感情和生理上的需要，这样宝宝就不再注意自己的生殖器了。也可以用一些玩具和游戏来转移宝宝的注意力，如给宝宝一个好玩的玩具或者和他玩手指游戏，让他搭积木、玩球类游戏等都是不错的选择。

❀❀ 贴心提示 ❀❀

有的成人喜欢碰宝宝的小鸡鸡逗宝宝玩，于是，宝宝就很容易在这些人的影响下，养成没事儿就玩小鸡鸡的习惯。另外，如果宝宝的小伙伴里有人这样做，他也会好奇地模仿，慢慢就会形成习惯。

如何帮助宝宝做模仿操

1岁半以后的宝宝可做一些模仿操，模仿操比较容易掌握，不仅可训练宝宝的各种动作，还可以发展宝宝的想象力、思维能力和语言能力，下面介绍一套动物模仿操。

第1节学猫叫：两手心相对、五指并排、指尖向上，分别放在嘴两侧，同时向外拉开做摸胡须动作。

第2节小鸟飞：两手向下两臂伸直，侧平举做小鸟翅膀，然后左右两臂分别做上下飞的动作，眼睛向前看，两脚慢步跑。

第3节学大象走：身体向前弯曲，两臂向前下垂，两手相对握紧，头向下低，身体向左右摇摆，慢步向前走。

第4节小马跑：双手做拉马缰绳状，双脚做小跑步动作，跑时带动双手上下摇动。可跑5~7米。

第5节小熊爬：双手撑地，双膝跪地，向前看，四肢协调向前爬行。可叫宝宝爬3~5米。

第6节学小兔跳：两手食指和中指伸直，其他三指捏紧，放在头前上端的左右两侧做兔的长耳，上身略向前倾斜，双脚并排，同时离地向前跳2~3下。

以上各节动作可反复做6~8次。

贴心提示

父母还可教宝宝做生活动作模仿操、交通工具操等。可以配合儿歌，也可以配音乐来做。

宝宝害怕打针吃药怎么办

打针疼，吃药苦，但是在宝宝成长的过程中，又免不了要生病，打针吃药又是难以避免的。如果宝宝不肯打针吃药，又该怎么办呢?

首先，应该不要经常用打针去吓唬宝宝。那会加重宝宝对打针的恐惧，以致在必须打针的时候，难以说服宝宝。为了让宝宝既知道打针会有点疼，又能够勇敢地忍受一下，还需平时加强锻炼。例如，在宝宝的游戏中，不如增加医生与患者的游戏，听诊器、体温表等模拟玩具成为宝宝的最爱，并在游戏中扮演医生或护士的角色，也扮演患者的角色，这样，他们就会对打针吃药以及与疾病的关系等有所了解。一旦需要打针时，比较容易接受。

再谈吃药。吃药似乎比打针好办些，但也有的宝宝就是不肯张嘴。强灌，并不是好办法。你不妨想想别的办法。第一，可以在药粉中加上糖水冲服，当然水不宜太多。应该注意的是，药粉不宜全部倒在牛奶或整瓶的水中让宝宝喝，这样势必影响宝宝的食欲。第二，如果宝宝已会吃药片，可选用有胶囊的剂型。另外，给宝宝喂药的时间要有所选择，尽量不要在宝宝吃得很饱的情况下喂药，因为很容易引起宝宝呕吐。

总之，打针吃药不是件快乐的事，父母应该让宝宝知道这一点，不要欺骗他们，同时鼓励他们勇敢一点，使宝宝能够顺利地打针吃药。

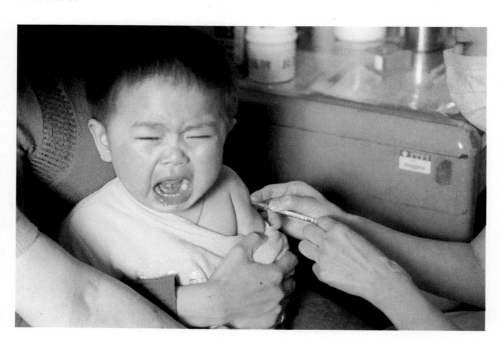

给宝宝买衣服要挑"不可干洗"的

我国首部专门针对婴幼儿服装安全的行业标准——《婴幼儿服装标准》已生效，《标准》中明确规定，婴幼儿服装必须标明"不可干洗"字样，因为干洗剂中可能含有四氯乙烯，很容易被衣服纤维吸附，待干燥时又可释放出来，对宝宝皮肤危害很大。所以，年轻妈妈们在为宝宝选购衣服时，应注意婴幼儿服装的"洗涤标准"及安全指标。此外，甲醛易溶于水，购买的服装最好水洗后再给宝宝穿。

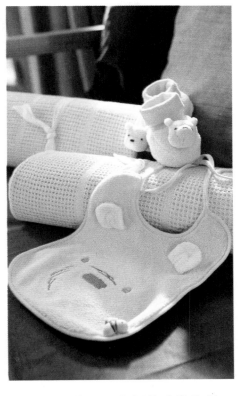

除规定必须标明"不可干洗"字样外，《婴幼儿服装标准》中还涉及了多项标准，如套头衫最大领围不小于52厘米；金属附件不得有毛刺、锐利边缘和尖端；拉链的拉头不可脱卸；服装上绳带的外露长度不得超过14厘米等。

此外，为了防止染料在婴幼儿咬衣服时进入体内，《标准》对婴幼儿服装的耐水、耐磨、色牢度等都有了更高的强制性要求。同时规定，婴幼儿服装产品中甲醛含量不得超过每千克20毫克，砷含量不得超过每千克0.2毫克。禁用可分解芳香胺染料，服装的pH必须限定在4.0~7.5。

总之，妈妈在购买宝宝衣物时要特别留意《婴幼儿服装标准》中所提到的规定，一定要选择标明这些字样的衣物。

Part 3 1~23岁宝宝过渡到以普通食物为主食

❧ 贴心提示 ❧

专家建议：最好购买品牌产品，这些产品质量比较有保证；不要购买色彩过于鲜艳的婴幼儿服装，以免其中含有可分解芳香胺等有害物质；另外，最好不要选择经特殊整理的服装，比如经过免烫整理和柔软整理的服装，因为这类服装，很可能甲醛含量比较高。

冬季如何防宝宝手脚冻坏

冬季天气寒冷，宝宝皮肤较薄，有的妈妈担心让宝宝外出会冻坏他的手脚，所以就将宝宝锁在室内，然而我们一直提倡宝宝要进行日光浴、空气浴，即使在冬季也不可把宝宝关在家里。其实，妈妈只要学会了冬季如何护理宝宝的手脚，就不必担心宝宝外出会冻了手脚。

出门前的防冻准备

皮肤护理： 经常给宝宝用温水洗手，擦手后马上涂上护肤露（油），注意洗手液及护肤品都要用婴儿专用品，成人用品偏于碱性或酸性，对宝宝娇嫩的皮肤会有损害。

做些按摩： 针对容易受冻的部位，如手足、耳朵、脸颊，早晚各做一次5~10分钟按摩，可按摩手指、手背、手心及小脸等来增强局部血液循环，也可做各种动手动脚的游戏活动。

吃饱肚子： 宝宝身体产热需要食物供给能量，而且冬天需要热量较多，因此，外出活动前要让宝宝把肚子吃饱，只要不是太胖的宝宝应适当吃些油性食品，如牛奶、点心、肉类等。另外，宝宝外出运动会出汗，也应给宝宝适当吃点汤水类食物。

适当穿衣： 冬天要给宝宝准备好出门穿的大衣、手套、帽子和厚袜。但宝宝出门不能穿得太多、太紧，以免宝宝束手束脚没法活动，反而不易产热；同时注意随天气改变而随时增减衣服。阳光好的天气，尽量让阳光可以直接照到宝宝的皮肤，这样才可以产生维生素D，避免佝偻病，又能促进皮肤的血液循环，使肢体温暖。不要以为在家晒太阳可以取代户外活动，一般来说，紫外线是无法穿透玻璃的。

户外活动的防冻准备

适量运动： 宝宝外出要有适量运动，如小跑、快步走、爬梯子、玩球、游戏，或带音乐的竹竿操、模仿操，即使是刚刚会站立的宝宝，也不要老抱着，应该把他放在地上，大人拉着手，跳一跳、蹦一蹦。健康的宝宝户外运动能产热，运动后如出汗一定要擦干。需注意的是活动时间及活动量要视天气状况和宝宝体质而定。

冻疮处理

未发生溃疡时治疗方法： 轻轻洗干净患处，涂上未溃冻伤软膏；或用蜂蜜与熟猪油调制，放凉后，局部一天涂一次，蜂蜜与猪油比例为7:3。同时为加快冻疮部位血液循环，对患处进行按摩，并包扎保暖。如果出现溃疡，要预防细菌感染伤口，并及时去医院治疗，先对伤口清洁，接着用0.5%新霉素药膏或硼酸软膏外涂，最后包扎患处。要把宝宝的小手指甲剪短洗净，防止宝宝在被窝等温暖环境下用手指将冻疮抓破，造成溃疡和感染。

如何去掉宝宝手上的倒刺

倒刺在医学上称为逆剥。在正常情况下，指甲周围与皮肤是紧密相连的，没有一丝空隙，形成一道天然屏障，但有时我们会看到指端表面靠近指甲根部的皮肤会裂开，形成翘起的三角形肉刺，这就是"倒刺"。

宝宝的小手总是嫩嫩的，怎么会突然长出倒刺呢？可能有以下三个原因：

1 营养缺乏：如果宝宝日常饮食中缺少维生素C或其他微量元素，也可能会通过皮肤表现出来。

2 皮肤干燥：呵护不得当，导致宝宝手部皮肤干燥，指甲下面的皮肤得不到油脂的滋润，很容易长出倒刺。

3 贪玩好动：小家伙越来越活泼好动，经常用手抓玩具、啃咬指甲，或者小手与其他物体过多摩擦，使得他们娇嫩的皮肤长出倒刺。

倒刺实际上是一种浅表的皮肤损伤，并不是大问题。但宝宝会出于好奇或觉得难受碍事，用手去撕，这样反而会造成倒刺根部皮肤真皮层暴露，引起继发细菌感染，不仅会疼痛出血，严重时还可能导致甲沟炎。所以，妈妈发现宝宝长了倒刺应及时去除。

去除方法：先用温水浸泡有倒刺的手，等指甲及周围的皮肤变得柔软后，再用小剪刀将其剪掉，然后用含维生素E的营养油按摩指甲四周及指关节。也可以在去除倒刺之后，把宝宝的手浸泡在加了果汁（如柠檬、苹果、西柚）的温水中浸泡10~15分钟，让宝宝的皮肤更加水嫩！

❀ 贴心提示 ❀

橄榄油有防止倒刺生成的功效，把宝宝的小手洗干净，将橄榄油涂在小手上，并进行按摩，既营养皮肤，又可以防止倒刺的生成。

宝宝口臭是消化不良的原因吗

正常情况下宝宝是不会有口臭的，但也不能说宝宝口臭就是消化有问题。口腔是人体进食的第一通道，内有牙齿、牙床、扁桃体、唾液腺，上通鼻腔、呼吸道，两端通中耳，下通消化道。以上任何部位有了疾病都可能引起口腔异味。如宝宝患有龋齿、牙龈发炎、口腔溃疡、扁桃体炎等，或者口腔内有食物残渣等都可散发出异味；宝宝患有鼻炎、鼻窦炎、鼻异物、鼻出血、气管炎、肺炎、肺脓肿等也会引起口臭。比较常见的就是宝宝消化不良、胃火等引发的口臭。

学会诊断引起宝宝口臭的原因

不同的口腔异味反映出不同的疾病，父母可以据此初步判断宝宝得了什么病，然后随即送医院确诊。

1 烂苹果味提示酮症酸中毒。

2 臭鸡蛋味提示消化不良或肝脏疾病。

3 血腥味提示有鼻出血或上消化道出血。

4 酸臭味提示宝宝进食过量引起胃肠功能紊乱。

5 腐败性臭味提示口腔内炎症或口腔不良的卫生习惯。

6 脓性口臭提示宝宝可能有鼻窦炎、鼻腔异物、化脓性扁桃体炎、支气管扩张。

护理与就诊建议

1 让宝宝多吃水果、蔬菜。晚餐饮食要清淡，少吃油腻食品，不要过食。

2 如果宝宝口腔有异味，首先要考虑是不是其他病变导致了宝宝口腔异味，如果宝宝同时伴有其他症状，最好及时就医检查。

3 如宝宝患有龋齿要及时治疗，少吃甜食，特别在睡前不要吃甜食或喝酸奶。

4 宝宝2岁左右，妈妈即可教宝宝刷牙，没学会刷牙之前，早晚及饭后也要漱口，并定期给宝宝清洁口腔。

❀❀ 贴心提示 ❀❀

有时候宝宝吃了过多的甜食，口腔也会有异味，像这种情况，宝宝只是偶尔有口腔异味，妈妈不用担心，属正常现象。

宝宝经常放屁是哪里出问题了

宝宝放屁是将体内气体排出的正常现象，说明宝宝的消化系统很健康，所以不用担心。一般宝宝屁多，多是吃了较多淀粉含量较高的食物，如山芋、土豆、蚕豆、豌豆等。这时应让宝宝少食用一些淀粉含量高的食物，适当增加蛋白质、脂肪类食物的摄入量。另外，如果宝宝喜欢用吸管吸果汁或汤水，可能会吸入过多气体，那么屁也会较多。当然如果习惯了吸管的话，屁也是会减少的。

除此之外，宝宝放屁还有以下几种类型，父母可以了解一下，以便宝宝出现相同情况时，能知其缘由和应对方法：

1 如果宝宝断断续续不停地放屁，但无臭味，还常听到阵阵肠鸣音，就是宝宝在提醒妈妈该吃饭了，宝宝肚子饿了。

2 如果宝宝屁伴随着酸臭味，则可能是消化不良，妈妈应及时调整宝宝饮食，减少食量，尤其是应减少脂肪和高蛋白的摄入。并可在医生指导下服些助消化的药物，如干酵母、整肠生等。

3 如果宝宝多屁多便便，可能是由于宝宝的饮食中淀粉含量偏高，妈妈要在宝宝的饮食中适当增加一些蛋白质、脂肪类的食物。

4 如果宝宝经常哭闹、精神不振、肚子胀、始终不放屁，也没有便便或伴有反复呕吐，就需要及时带宝宝去看医生了，因为这可能是宝宝肠套叠、肠梗阻的信号。

贴心提示

每天坚持给宝宝做腹部按摩，从肚脐开始，顺时针方向螺旋方式按摩，可以促进肠蠕动，帮助宝宝消化。

宝宝一到晚上就很兴奋怎么办

的确，"夜猫子"宝宝越来越多。分析原因，可能有这么几条：

1 现代人夜生活丰富多彩，爸爸妈妈睡得晚，看电视、听音乐，说话聊天，宝宝难免跟着凑热闹而不想睡觉。为了让宝宝建立良好的生活习惯，爸爸妈妈最好能稍稍改变一下自己的习惯。

2 午睡时间过长。宝宝午睡，大人正可以做家务、休息，所以，让宝宝一睡就是3~4小时，白天睡得太多，晚上自然不想睡觉。如果宝宝午睡时间过长影响到晚上的睡眠，可在他睡得差不多的时候，趁着翻身或者动弹身体时叫醒他。宝宝被叫醒，情绪可能会不稳定，可以让他喝点水，抱一抱，一会儿就好了。

另外要注意，一定要给宝宝定个固定的睡眠时间，宝宝月龄越大，越需要固定一致的睡眠时间和睡前活动；睡前可给宝宝洗个温水澡，有助于舒缓紧张的肌肉和忙碌的大脑，可以让宝宝睡得比较舒适；到了睡觉时

间就把宝宝放在床上，不要跟宝宝说话、玩耍，妈妈可以放些摇篮曲或哼儿歌以助宝宝睡眠。

经过以上方法，如果宝宝晚上还是较兴奋，不爱睡觉，妈妈也不要使用任何硬性手段，强迫宝宝入睡。这时家人都不要理他，让他自己玩耍，家人可以做睡前准备工作，如刷牙、洗澡、换上睡衣等，让宝宝自己玩累了，也通过观察知道到了睡觉时间了，自然就想睡了。

❧ 贴心提示 ❧

入睡时特别在宝宝房间留盏小灯，并且开着房门。当宝宝醒来哭泣或者做噩梦惊醒时，记得不要将他带到大人房间，应该陪宝宝留在自己的房间内，并向宝宝说明房间是最安全的。

宝宝为什么总喜欢黏着妈妈

有的宝宝总想靠近妈妈，待在妈妈跟前，跟妈妈依偎在一起撒娇。妈妈遇到这种情况，首先应该确定是否有以下几种情况存在：

1 是否你在家时，宝宝的起居饮食完全由你一个人照看？

2 总是害怕别人（包括爸爸）照看不好宝宝，所以每天和宝宝黏在一起，甚至不让宝宝单独和其他小朋友玩。

3 只要你在家，宝宝的要求就会完全得到满足，而你离开了，就没有人关心他的要求了。

如果存在以上几种情况，那么宝宝老缠住妈妈，就是妈妈有意无意间造成的。妈妈要自己反思一下了。

但如果没有以上情况，宝宝还是经常想跟妈妈在一起的话，很有可能是宝宝渴望着母爱。这时，妈妈不要一味地考虑如何赶走宝宝，甚至说一些冷淡疏远的话或做出推开宝宝的举动。这样，宝宝会觉得他对妈妈的感情遭到了拒绝，越发增强了宝宝寻求母爱的强烈行为。

妈妈需要做的是，满足宝宝的这种"黏人"心理，同时也要做到，在必须和宝宝分离时，明确地告诉宝宝自己要去什么地方，马上会回来，先跟爷爷奶奶玩会儿，如宝宝不愿意，哭闹，也要狠狠心离开。回来之后，要跟宝宝说："你看妈妈不是回来了吗？来，亲一个。"让宝宝知道你不是要离开他，只是暂时有事需要离开。平时也要多让家里其他人照看宝宝，多让宝宝和其他小朋友们单独玩，你只做一个旁观者。

贴心提示

宝宝缠妈妈，说明没有安全感，没有别的好玩，所以你可以多关注宝宝感兴趣的东西，如天线宝宝、电动玩具等，来分散宝宝对妈妈的注意力。

宝宝睡觉打呼噜有问题吗

宝宝打呼噜有以下几种情况可导致：和睡觉的姿势有关系；慢性鼻炎、鼻窦炎、腺样体或扁桃体肥大；遗传因素也不能排除。

父母如果发现宝宝睡觉打呼噜，可以调整一下宝宝的睡姿，让宝宝侧睡。但若调整睡姿后宝宝仍旧打呼噜，父母就要怀疑宝宝是否患有慢性鼻炎、鼻窦炎、腺样体或扁桃体肥大等疾病了。由于肥大的腺体占据了鼻咽部和咽喉部，在睡觉时便会打呼噜。而且在张开口呼吸时，由于空气不能通过鼻腔，没有经过鼻腔的加湿及过滤，直接进入气管，会使宝宝特别容易患呼吸道感染。由于长时间呼吸不畅，身体会慢性缺氧，因此影响全身发育。所以，如果宝宝在睡觉时打呼噜，父母应带宝宝去医院检查，

最好在耳鼻喉科看有无上述的情况，争取早日矫治。

轻度的扁桃体肥大，如不影响生活，可不必治疗。睡眠时最好侧卧位。对症状较重的患儿，可通过手术切除部分扁桃体和增大的腺样体，术后许多症状可迎刃而解，如不再张口呼吸、睡眠得到改善、体质得到增强等。

另外，身体肥胖的宝宝，睡觉时最容易打呼噜，因为肥胖儿的咽腔部相对狭小，呼吸时气流通过的通道很窄，受气流的震动，就会形成"呼噜呼噜"的声音，影响呼吸及睡眠。所以，如果宝宝较肥胖，父母就要调理宝宝的饮食，少吃油煎食品，多吃绿色蔬菜及豆制品。加强体格锻炼，进行有利于减肥的运动，如长跑、游泳、体操、跳绳等。

宝宝哭得背过气去怎么办

有些宝宝，在啼哭开始时，哇的一声还没哭完，就突然呼吸停止，背过气去了，嘴唇发青。医学上称为呼吸暂停症，又叫屏气发作。

这种情况常见于2岁以内宝宝，但6个月以内很少出现。当宝宝精神受刺激时，如疼痛、不如意、要求未能满足时，哭喊后呼吸突然停止、嘴唇发青，严重的全身青紫、身体僵直向后仰、意识丧失甚至抽风。有时还有尿失禁，轻的呼吸暂停半分钟到1分钟，严重的持续两三分钟，呼吸恢复后，青紫消失，全身肌肉放松，意识恢复。

宝宝一哭就"背过气"，这种情况发生在啼哭开始时，如已经哭过一段时间，往往就不会发作了。

呼吸暂停症病初发作次数不多，以后可能逐渐增多，但一般到四五岁时逐渐消失，很少在6岁以后还发病。

宝宝有这种屏气发作时，父母不必紧张，随宝宝年龄增大就会自己停止。发作时把宝宝放平，脸侧向一方，拍抚几下就可以了，不必大喊大叫、摇晃宝宝。平时尽量减少精神刺激，但不能娇惯、溺爱，不要整天抱着不离手。呼吸暂停症一般不需要药物治疗，个别严重的可用镇静药。

❧ 贴心提示 ❧

父母要将这种情况和癫痫相区别。癫痫往往是先抽风后出现青紫，本病是先出现青紫后抽风。本病发作前都有精神因素，而癫痫发作前不一定有精神因素。癫痫的脑电图常表现不正常，本病的脑电图正常。

Part 4

2~3岁
开始像大人一样吃饭

2岁宝宝身体发育情况

项　目	男　孩	女　孩	平均增长速度
身　长	平均87.9厘米左右	平均86.6厘米左右	平均每月增加0.3厘米左右
体　重	平均12.2千克左右	平均11.7千克左右	平均每月增加1.2千克左右
头　围	平均48.2厘米左右	平均47.2厘米左右	平均每月增加0.2厘米左右
胸　围	平均49.4厘米左右	平均48.2厘米左右	平均每月增加0.3厘米左右

3岁宝宝身体发育情况

项　目	男　孩	女　孩
身　长	平均96.5厘米左右	平均95.6厘米左右
体　重	平均14.7千克左右	平均13.9千克左右
头　围	平均49.1厘米左右	平均48.1厘米左右
胸　围	平均50.9厘米左右	平均49.8厘米左右

2~3岁聪明宝宝怎么吃

2岁至2岁半宝宝

宝宝哺喂指导

2岁以后，宝宝的营养需求比以前有了较大的提高，每天所需的总热量达到1200~1300千卡。其中蛋白质、脂肪和糖类的重量比例约1:0.6:(4~5)。

由于胃容量的增加和消化功能的完善，从现在起每天的餐点仍为5次，有些宝宝已经完成了每天餐点由5次向4次的转变，每次的量适当增多，餐次可以逐渐减至一日三餐。

一天的膳食中要以多种食品为主，有供给优质蛋白的肉、蛋类食品，也有提供维生素和矿物质的各种蔬菜。

现在应该给宝宝添加鸡、鸭、鱼、虾、牛奶、鸡蛋、豆类、肉类等富含蛋白、磷脂酰胆碱、必需氨基酸的食物，以利于宝宝的身体成长和大脑发育。

粗粮中含有宝宝生长发育需要的赖氨酸和蛋氨酸，这两种蛋白质人体不能合成，因此这个阶段以后可以适当给宝宝吃些粗粮。

尽量少食用半成品和市场上出售的熟食，如香肠、火腿、罐头食品等，因为其中的食品添加剂、防腐剂不利于宝宝的生长发育。

巧克力蛋白质含量偏低，脂肪含量偏高，营养成分的比例不符合儿童生长发育的需要，而且在饭前吃巧克力会影响食欲，不能给宝宝过多食用。

养成独立进食的习惯可以使宝宝专心吃好每一餐，是保证营养充分摄入的需要。

宝宝一日饮食安排

时间	用量
8:00	蔬菜肉末粥1碗，煮鸡蛋1个
10:00	牛奶或酸奶1杯，饼干3~4块
12:00	软饭或馒头，营养菜和汤
15:00	水果、蛋糕或其他小点心
18:00	面或饺子，凉菜1碟
21:00	牛奶半杯，饼干2块

2岁半至3岁宝宝

宝宝哺喂指导

宝宝2岁半以后，每天所需的蛋白质、脂肪和糖类的比例为1:0.8:(4~5)，总热量达到1300千卡，每天应当进食主餐3次，点心1次，同时适量吃些应季水果。

此时宝宝已经完成了由液体食物向幼儿固体食物的过渡，不过每天还应饮用400~500毫升牛奶，保证钙的吸收。同时多吃含钙高的食品，每天保证一定时间的日照。

虽然宝宝能跟大人一样进餐了，但是，全身各个器官都还处于一个幼稚、娇嫩的阶段，特别是消化系统，所以，妈妈要控制宝宝的食量，每餐不宜让宝宝吃得过饱，以免加重消化系统的负担，引起消化不良。

宝宝在此阶段普遍已经能够独立进餐，但会有边吃边玩的现象。父母要有耐心，让宝宝慢慢用餐，以保证孩子真正吃饱，避免出现进食不当导致的营养不良。

继续培养宝宝良好的饮食习惯，

不要让宝宝过多地吃糖和含糖量高的点心。如果糖分摄取过多，体内的B族维生素就会因帮助糖分代谢而消耗掉，从而引起神经系统的B族维生素缺乏，产生嗜糖性精神烦躁症状。

宝宝一日饮食安排

时间	用量
8:00	牛奶半杯，饺子3个，营养粥1碗
10:00	鲜汤1碗，小点心
12:00	米饭，营养菜
15:00	水果，豆奶200毫升加适量白糖，饼干2块
18:00	软饭或馒头或面，营养菜和汤
21:00	牛奶半杯

2~3岁宝宝可以吃的食物

🥣肉肠油菜

原料：肉肠75克，油菜300克。

调料：油、盐、酱油各适量，葱花、姜末各2克。

做法：

1 将肉肠斜切成薄片。

2 油菜择洗干净后切成3厘米长的段，梗和叶分置。

3 锅置火上，将油烧热后放葱花、姜末略煸，投入油菜梗煸炒几下，再投入油菜叶同炒至半熟，放入肉肠，并加入酱油、盐，用大火炒几下即可。

> **特点：** 油菜中含有丰富的钙、铁、维生素C和胡萝卜素，是维持人体黏膜及上皮组织生长的重要营养源，对于抵御皮肤过度角质化大有裨益。
>
> **做法小叮咛：** 吃剩的熟油菜过夜后就不要再吃，以免造成亚硝酸盐沉积，易引发癌症。

🥣鸡肝粥

原料：鸡肝20克，米20克。

做法：

1 将鸡肝去膜、筋，剁碎成泥状备用；米淘洗干净，放入锅中。

2 锅置火上，加适量清水，大火煮开后，改用小火，加盖焖煮至烂。

3 再拌入肝泥，至煮开即可。

做法小叮咛：鸡肝不宜与维生素C、抗凝血药物、左旋多巴胺和苯乙肼等药物同食。

特点：肝脏是动物体内储存养料和解毒的重要器官，含有丰富的营养物质，具有营养保健功能，是最理想的补血佳品之一。

🥣紫米粥

原料：紫米、芸豆、葡萄干各20克。

做法：

1 将紫米洗干净，与芸豆、水一起放入锅内煮熟。

2 在粥上面撒上一些葡萄干或者提子干，以增进宝宝的食欲。

做法小叮咛：葡萄干要冲洗干净。

特点：紫米中含有丰富的脂肪、赖氨酸、核黄素、硫安素、叶酸等多种维生素，以及铁、锌、钙、磷等人体所需微量元素。

特点：鸡蛋中含有较多的B族维生素和其他微量元素，具有健脑益智等功效。

鲫鱼豆腐蒸蛋羹

原料：鲫鱼肉50克，鸡蛋1个，嫩豆腐50克。

调料：盐适量。

做法：

1 鲫鱼肉去刺，煮熟剁成泥。

2 嫩豆腐煮熟研成泥。

3 把鸡蛋液和鲫鱼肉泥、豆腐泥和盐一起加水打匀。

4 上锅蒸15分钟即可。

做法小叮咛：鱼刺要剔除干净。

特点：菜花营养丰富，含有蛋白质、脂肪、糖类及较多的维生素A、B族维生素、维生素C和较丰富的钙、磷、铁等矿物质。尤其是维生素C的含量较多，摄入足量的维生素C后，不但能增强肝脏的解毒能力、促进生长发育，而且有提高机体免疫力的作用，能够防止感冒、坏血病等的发生。

虾末菜花

原料：菜花30克，虾10克。

调料：酱油1/2勺，盐适量。

做法：

1 将菜花洗净，放入开水中煮软后切碎。

2 把虾放入开水中煮后剥去皮，切碎，加入酱油、盐煮烂，倒在菜花上即可。

猪皮大枣羹

原料：猪皮500克，大枣250克。

调料：盐适量。

做法：

1 把猪皮500克洗净去毛，入水炖至黏稠羹汤。

2 再加入大枣煮熟，加入盐调味即可。

做法小叮咛：容易上火的宝宝，将大枣去核再煮。

特点：猪皮富含胶原蛋白，大枣是补血佳品，这道羹汤黏稠香甜，入口即化，非常适合宝宝食用。

菠菜粥

原料：大米100克，菠菜50克。

做法：

1 把大米煮至米烂。

2 菠菜汆水切成段，放入米粥中再煮5分钟即可。

做法小叮咛：在做大米粥时，千万不要放碱。

特点：菠菜富含铁元素，煮成粥后更利于人体吸收。

Part 4 2~3岁 开始像大人一样吃饭

特点：胡萝卜含有植物纤维，吸水性强，在肠道中体积容易膨胀，是肠道中的"充盈物质"，可加强肠道的蠕动，从而利膈宽肠、通便防癌。

蔬菜豆腐泥

原料：胡萝卜15克，嫩豆腐20克，豌豆20克，蛋黄1/2个。

调料：盐、酱油各适量。

做法：

1 将胡萝卜去皮，和豌豆烫熟后切成极小块。

2 将水与胡萝卜块、豌豆块放入小锅，嫩豆腐边捣碎边加进去，加少许酱油和盐，煮到汤汁变少。

3 最后将蛋黄打散加入锅里煮熟即可。

做法小叮咛：胡萝卜要煮软，切得越碎越好。

番茄鱼泥

原料：净鱼肉100克，番茄50克。

调料：鸡汤适量。

做法：

1 将鱼肉洗净，煮熟后切成碎末。

2 番茄用开水烫后剥去皮，切成碎丁。

3 锅置火上，放入鸡汤，加入鱼肉末、番茄丁，用大火煮沸后改小火煮成泥状即可。

做法小叮咛：一定要用新鲜鱼肉，同时必须将鱼刺除净。

🥣金枪鱼沙拉

原料： 金枪鱼罐头（无盐水煮罐头）适量，土豆20克，胡萝卜末、荷兰芹各适量。

调料： 高汤1碗。

做法：

1 土豆去皮，切成丁。

2 土豆丁与胡萝卜末、金枪鱼一起放入锅内，加高汤盖上盖煮。

3 待蔬菜煮熟后，可根据口味放一点儿荷兰芹小段。

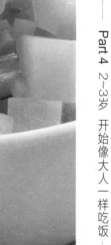

特点：胡萝卜含有大量胡萝卜素，这种胡萝卜素的分子结构相当于2个分子的维生素A，进入机体后，在肝脏及小肠黏膜内经过酶的作用，其中50%变成维生素A，有补肝明目的作用，可治疗夜盲症。

做法小叮咛：黄皮、个大的土豆口感更面。

特点：豆腐富含钙质，可以预防和抵制骨质疏松症，还能提高记忆力和精神集中力。

金银豆腐

原料：豆腐、油豆腐各150克，草菇50克。

调料：酱油、水淀粉、盐、味精、糖各适量。

做法：

1 豆腐、油豆腐均切块；草菇洗净，切同样大小的丁。

2 锅中加水烧沸，加入豆腐块、油豆腐块、草菇丁、酱油、糖，中火煮10分钟，加盐、味精调味，用水淀粉勾芡即成。

做法小叮咛：宜选用卤水豆腐。

特点：白菜中含有丰富的维生素C、维生素E，多吃白菜，可以起到很好的护肤和养颜效果。

烂糊肉丝

原料：猪瘦肉、白菜各100克，虾皮20克。

调料：盐、味精、油、高汤、水淀粉、料酒各适量。

做法：

1 将白菜切成菜丝，待用。

2 将猪瘦肉切成细丝，放入盆内，加入水淀粉、盐上浆，用热锅温油滑开捞出。

3 将油烧热后，下入白菜丝、虾皮煸炒，放入盐，加入高汤焖透。再将滑过的肉丝放入拌匀，加入料酒、盐、味精，淋入水淀粉搅成糊状，推搅几下即成。

做法小叮咛：水淀粉调得稀一点，勾的芡不能太稠。

甜煮蔬菜

原料：红薯、南瓜各50克。

调料：糖适量，高汤适量。

做法：

1 红薯与南瓜洗净切成丁。

2 高汤倒入锅中，用中火煮开加入糖、红薯丁、南瓜丁，转小火煮熟即可。

做法小叮咛：选用黄心红薯最佳。

特点：这道甜点富含维生素和果胶，营养成分易吸收，可促进肠道蠕动，改善便秘症状。

美味鸡蓉

原料：鸡肝50克，未加配料的鸡汤适量。

调料：盐适量。

做法：

1 将鸡肝和鸡汤放到炖锅中，大火煮沸，转小火煮8分钟。

2 煮好的材料连汤倒进搅拌器，加入盐，拌打均匀即可。

做法小叮咛：鸡肝要充分煮熟后才能食用。

特点：鹌鹑蛋富含营养，被誉为"动物中的人参"。

鹌鹑蛋奶

原料：熟鹌鹑蛋3~5个，牛奶适量。

调料：糖适量。

做法：

1 熟鹌鹑蛋去壳，放入锅中。

2 锅中倒入牛奶，碾碎鹌鹑蛋，煮沸关火。

3 加入适量糖调味即可。

做法小叮咛：牛奶不可煮得过久，否则营养成分会被破坏。

特点：此饼含有丰富的蛋白质、脂肪、糖类、钙、磷、铁、锌及维生素A、B族维生素、维生素C、维生素D、维生素E和烟酸等多种营养成分，这些营养素都是宝宝生长发育所必需的营养素。

果酱薄饼

原料：面粉60克，鸡蛋2个，牛奶150毫升，肥肉50克。

调料：黄油15克，果酱适量。

做法：

1 将面粉放入碗中，磕入鸡蛋，用竹筷搅拌均匀，再加上化开的黄油、牛奶搅匀，约20分钟成面糊。

2 锅置火上，用肥肉把锅四周抹一下，倒入一汤勺面糊烙成薄饼。

3 在薄饼上放一点果酱，卷起切段即可。

做法小叮咛：面糊不能调得过稀，否则烙不成饼状。

什锦煨饭

原料：米适量，鸡蛋1个，猪肝30克，豌豆5克，胡萝卜丁、土豆丁各10克。

调料：葱花2克，盐适量。

做法：

1 猪肝剁成末。

2 将鸡蛋液加葱花、盐和猪肝末一同拌匀。

3 将胡萝卜丁、土豆丁、豌豆入锅焯烫后捞出。

4 所有加工好的原料和煮菜的汤一起，加少许米煮至熟烂即可。

特点：猪肝具有补肝明目、养血的功效，身体较瘦弱的宝宝适合食用。

做法小叮咛：土豆要选择个大、皮薄的为佳。

🥄排骨皮蛋粥

原料： 大米60克，小排骨50克，松花蛋1个，花生米20克。

调料： 葱花2克，酱油、盐、味精、花生油各适量。

做法：

1 把小排骨洗净，切成2厘米长的小段，用酱油、盐腌渍1小时，放入沸水中煮熟。

2 将松花蛋去壳，洗净，切成小方块。

3 把大米、花生米洗净，放入沸水锅中煮，当米粥将熬好时，放入松花蛋丁、酱油、味精。另用炒锅，放入花生油，炸葱花成金黄色，出葱香味时，倒入米粥中，至粥熬好以后，将排骨段配到粥中，即可食用。

> 做法小叮咛：松花蛋一次不宜食用过多。

特点： 燕麦中含有燕麦蛋白、燕麦肽、燕麦β–葡聚糖、燕麦油等成分。具有抗氧化、增加肌肤活性、延缓肌肤衰老、美白保湿、减少皱纹色斑、抗过敏等功效。

🥄燕麦猪肉饼

原料： 猪瘦肉馅300克，燕麦片、冬菇各20克，荸荠20克。

调料： 糖、淀粉、豉油、盐各适量。

做法：

1 猪瘦肉馅加入盐、豉油、糖和淀粉，腌渍30分钟；冬菇浸软，荸荠去皮，一同剁碎。

2 碗中倒入燕麦片、猪肉馅、冬菇末、荸荠末和适量清水，搅匀，制成饼状，摆盘。

3 整盘入蒸笼中，大火蒸15分钟即可。

> 做法小叮咛：腹泻的宝宝不宜食用。

葡萄干土豆泥

原料：土豆50克，葡萄干8克。

调料：蜂蜜适量。

做法：

1 葡萄干用温水泡软切碎。

2 土豆洗净，蒸熟去皮，趁热做成土豆泥。

3 把炒锅置火上，加水适量，放入土豆泥及葡萄干末，用微火煮。

4 煮熟的时候加入蜂蜜调匀。

做法小叮咛：长芽的土豆有毒，禁止食用。

清汤鱼丸

原料：草鱼肉500克，香菇5朵，火腿片10克，鸡蛋1个，油菜50克。

调料：食用油、味精、盐各适量。

做法：

1 将草鱼肉去刺剁成泥备用。

2 将鱼泥放入器皿中，加入盐、蛋清、食用油顺时针方向搅拌上劲。

3 在锅中加入适量清水，将鱼泥制成鱼丸逐个下锅，小火煮至定型后捞出。

4 锅中再加适量清水，调入盐、味精，放入鱼丸、油菜、香菇、火腿片煮熟即可。

特点：鱼肉含有叶酸、维生素B_2、维生素B_{12}等维生素，有滋补健胃、利水消肿、清热解毒、止嗽下气的功效。

Part 4 2~3岁 开始像大人一样吃饭

特点：此菜富含膳食纤维，能充分促进肠胃蠕动，缓解肠道便秘症状。

🥣青梗菜纳豆泥

原料：青梗菜叶20克，纳豆1/3盒。

调料：酱油适量。

做法：

1 青梗菜叶烫后切成丝。

2 纳豆里加酱油调味后与青梗菜叶丝拌在一起。

做法小叮咛：青梗菜应顺着纹路斜切。

特点：粳米中的蛋白质、脂肪、维生素含量都比较多。

🥣粳米大枣粥

原料：粳米80克，大枣2枚。

做法：

1 把大枣洗净去核。

2 将大枣和粳米一起熬成粥。

做法小叮咛：大枣有甜味，所以不必加糖。

鸡蓉豆腐

原料：鲜嫩豆腐50克，鸡肉50克，鸡蛋清1个，细油菜丝、细火腿丝适量。

调料：淀粉少许，盐、油适量。

做法：

1 先把鸡肉剁成泥，加上蛋清和少许淀粉一同搅拌成鸡蓉。

2 把豆腐弄成泥，用开水烫一下。

3 锅里放油后先放入豆腐泥炒好，再放入鸡蓉翻炒几下，然后撒上细火腿丝和细油菜丝，炒熟即可。

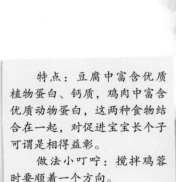

　　特点：豆腐中富含优质植物蛋白、钙质，鸡肉中富含优质动物蛋白，这两种食物结合在一起，对促进宝宝长个子可谓是相得益彰。

　　做法小叮咛：搅拌鸡蓉时要顺着一个方向。

特点：香蕉可润滑肠道，促进肠道蠕动，对宝宝的便秘症状有着极好的疗效。

玫瑰香蕉

原料：香蕉300克，鲜玫瑰花瓣、芝麻各20克，鸡蛋1个。

调料：油适量，糖、淀粉各适量。

做法：

1 香蕉去皮切块；玫瑰花洗净，切丝；鸡蛋磕入碗内，加淀粉拌匀，调成糊；芝麻洗净炒熟。

2 炒锅倒油烧热，将香蕉块蘸一层面糊，逐块入油锅，炸至金黄色时捞出。

3 锅留底油，放入糖炒至变色，下入香蕉块，翻炒几下，使糖全部裹在香蕉上面，撒上熟芝麻，颠翻几下，盛盘，撒上玫瑰花丝即可。

做法小叮咛：香蕉要选择成熟的，青香蕉反而会加重便秘症状。

红豆山药合

原料：淮山药150克，红豆馅100克，椰蓉30克，鸡蛋1个。

调料：香炸粉、油各适量。

做法：

1 淮山药去皮洗净，切成夹刀片；红豆馅填入山药中；香炸粉加水调成糊。

2 锅中加油烧热，将山药合挂匀糊，蘸上椰蓉，下油锅炸至山药成熟即可。

做法小叮咛：给山药削皮时要戴上手套。

日式煎蛋卷

原料：胡萝卜30克，鸡肉40克，
菠菜20克，鸡蛋2个。

调料：油、盐适量。

做法：

1 将胡萝卜、菠菜和鸡肉洗净
剁碎，在热水中烫熟。

2 打入鸡蛋拌匀。

3 倒入热油锅中，用小火煎至
半熟，然后卷起，继续煎熟
即可。

特点：胡萝卜所含的维
生素A是骨骼正常生长发育的
必需物质，有助于细胞增殖与
生长，是机体生长的重要营养
素，对促进婴幼儿的生长发育
具有重要意义。

做法小叮咛：胡萝卜应选
择肉厚、心小的。

宝宝喂养难题

宝宝胃口不好是怎么回事

如果宝宝总不好好吃饭，一碗饭吃两口就不吃了，这可能说明宝宝胃口不好，宝宝胃口不好主要有这样几个原因：

1 宝宝进食的环境和情绪不太好。不少家庭没有宝宝吃饭的固定位置；有些家庭没让宝宝专心进餐；还有些家长依自己主观的想法，强迫宝宝吃饭，宝宝觉得吃饭是件"痛苦的事情"。

2 宝宝肚子不饿。现在许多父母过于疼爱宝宝，家里各类糖果、点心、水果敞开了让宝宝吃，宝宝到吃饭的时候就没有食欲，尤其是饭前1小时内吃甜食对食欲的影响最大。

3 饭菜不符合宝宝的饮食要求。饭菜形式单调，色香味不足，或者是没有为宝宝专门烹调，只把大人吃的饭菜分一点给宝宝吃，饭太硬，菜嚼不动，宝宝提不起吃饭的兴趣。

4 一些疾病的影响。如缺铁性贫血、锌缺乏症、胃肠功能紊乱、肝炎、结核病等，都有食欲下降的表现，这些病要请医院的医生帮助诊断并进行相应的治疗。

对于胃口不好的宝宝，妈妈应针对在教养方法、饮食卫生及饮食烹调等方面试着进行些调整，观察一下效果。在调整进食方式上不要操之过急，但也不能心太软，一定要逐步做到进餐的定时、定点、专心，营造温馨气氛。

贴心提示

宝宝正常的食欲很难用进食量的多少来衡量，如果进食后基本饱足，能保证宝宝正常的生长发育和体力活动，就意味着食欲正常，不能强求同龄宝宝要有相同的进食量。

宝宝查出有营养不良，该吃什么来补充营养呢

2岁的宝宝基本可以跟大人一样吃东西了，可以变着花样给宝宝增加些营养，避免宝宝挑食，少吃零食。

早上熬粥时里面可放些大枣等滋补类的食物。中午吃些以粮食、奶、蔬菜、鱼、肉、蛋类、豆腐为主的混合食品，这些食品是满足宝宝生长发育必不可少的。

另外，平时要让宝宝多吃多种多样的蔬菜、水果、海产品，为宝宝提供足够的维生素和矿物质，以供代谢的需要，达到营养平衡的目的。

补充营养应采取循序渐进的原则，逐步增加能量和蛋白质的供给。

❀ 贴心提示 ❀

一般到了2岁的宝宝都能自己进食，有的宝宝进餐动作较缓慢，大人吃完了宝宝也吃不了太多，这时妈妈一定要耐心对待，不可责怪宝宝，慢慢地宝宝就能熟练进食，吃得多起来。

可以给宝宝添加营养补品吗

市场上为宝宝提供的各种营养品很多，有补锌的、补钙的、补充赖氨酸的，有开胃健脾、补血滋养的，等等。对于这些营养品，父母要有正确的认识：任何营养品只适用于一定的身体状况，并非像广告宣传的那样能包罗万象。

人体是一个非常精确的平衡体，多一点、少一样都对人体的健康不利，尤其是幼儿的各系统功能还未发育成熟，调节功能相对较差，不恰当的营养会造成负面影响，如宝宝补充维生素A过量会造成维生素A中毒。

正常情况下，宝宝从食物中就能摄取丰富、全面的营养，只要不偏食，没有特殊的需要，就没必要添加额外的营养品。

如果宝宝确实存在某些问题需要增补营养，最好也要取得医生的建议，选择一种合适的补品有目的、有针对性地去添加，营养并非多多益善。

在选择宝宝营养品时，应考虑以下几点：

1 应考虑这种食品是否有害、有无不良反应。现在许多食品，由于含有化学合成的添加剂，对宝宝的健康有害。

2 口感要好。过苦或药味重，宝宝难以接受，但甜度高的营养品又会因糖过多抑制宝宝的食欲，也不利于宝宝的牙齿生长，所以宜选择清

甜、性缓的营养品。

3 有无科学数据和实际效果。宝宝的保健品尤其要有严格的科学测试和临床验证，以纠正宝宝营养的不平衡。

4 适应证要广。如适应证太窄或不对症，则难以达到预期效果。

5 体积不宜过大，否则会占据宝宝胃的较大容量，引起腹胀，影响正常进食。

6 有大补或寒凉动植物成分的保健品不宜让宝宝服用。

7 无论增加什么样的营养品，首先要保证宝宝的正常饮食。

吃什么可以帮助宝宝长高

奶，被称为"全能食品"，对骨骼生长极为重要。

沙丁鱼，是蛋白质的宝库，如条件所限，可以吃鲫鱼或鱼松。

菠菜，是维生素的宝库。

胡萝卜，宝宝每天吃50克，很有益处。

柑橘，维生素A、B族维生素、维生素C和钙的含量比苹果中的含量还要多。

此外，还有小米、荞麦、鹌鹑蛋、毛豆、扁豆、蚕豆、南瓜子、核桃、芝麻、花生米、油菜、青椒、韭菜、芹菜、番茄、草莓、柿子、葡萄、淡红小虾、鳝鱼、动物肝脏、鸡肉、羊肉、海带、紫菜、蜂蜜等。

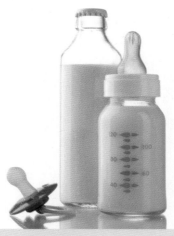

贴心提示

有些父母认为价格高的食品营养价值就高，以致常给宝宝买来补品长期服用。其实食物的营养价值并不能以价格来衡量，价格高只表明它稀有或加工程度深，如冬笋的营养价值就远不如胡萝卜。

贴心提示

目前，国家卫计委还没有批准过任何一种增高保健品的生产，妈妈不要被广告所误导，谨慎购买市场上所售的增高保健品。

宝宝边吃边玩有影响吗

如果宝宝边吃边玩，妈妈一定不要表现得过于关注，让他感觉边吃边玩很有趣，吃吃玩玩形成了习惯。

边吃边玩是一种很坏的饮食习惯，在正常情况下，进餐期间，血液聚集到胃，以加强对食物的消化和吸收。边吃边玩，就会使一部分血液供应到身体的其他部位，从而减少胃的血流量，使消化功能减弱，继而使食欲缺乏。

宝宝吃饭时好动，吃几口，玩一会儿，延长了进餐时间，饭菜就会变凉，总吃凉的饭菜对宝宝身体极其不利。这样不但损害了宝宝的身体健康，也养成了做事不认真的坏习惯，等宝宝长大后精力不易集中。

吃饭时，爸爸妈妈要做好榜样，不说笑，不玩玩具，不看电视，保持环境安静。如果吃饭前宝宝正玩得高兴，不宜立刻打断他，而应提前几分钟告诉他"快要吃饭了"；如果到时他仍迷恋手中的玩具，可让宝宝协助成人摆放碗筷，转移其注意力，做到按时就餐。

贴心提示

饭前半小时要让宝宝保持安静而愉快的情绪，不能过度兴奋或疲劳，不要责骂宝宝。培养宝宝对食物的兴趣爱好，引起宝宝的食欲。

怎样把握宝宝进餐的心理特点

宝宝偏食、挑食，很多时候是因为妈妈没有把握他进餐的心理特点造成的。把握宝宝进餐的心理特点，才能做出宝宝爱吃的佳肴，促进宝宝的健康成长。宝宝进餐时有以下心理特点，妈妈需要了解：

1 模仿性强。易受周围人对食物态度的影响，如妈妈吃萝卜时皱眉头，幼儿则大多拒绝吃萝卜；和同伴一起吃饭时，看到同伴吃饭津津有味，宝宝也会吃得特别香。

2 好奇心强。宝宝喜欢吃花样多变和色彩鲜明的食物。

3 味觉灵敏。宝宝对食物的滋味和冷热很敏感。大人认为较热的食物，宝宝会认为是烫的，不愿意尝试。

4 喜欢吃刀工规则的食物。对某些不常接触或形状奇特的食物如木耳、紫菜、海带等常持怀疑态度，不愿轻易尝试。

5 喜欢用手拿食物吃。对营养价值高但宝宝又不爱吃的食物，如猪肝等，可以让宝宝用手拿着吃。

6 不喜欢吃装得过满的饭。喜欢一次次自己去添饭，并自豪地说：我吃了两碗、三碗。

怎样搭配宝宝的饮食呢

人们的生活水平提高了，饮食的质量和结构也发生了较大变化，现在，多数家庭的食谱中，精米、细面、鸡鸭鱼肉占了主导地位，而五谷杂粮在餐桌上几乎见不到。

2岁的宝宝消化吸收能力发育已较完善，乳牙也基本长齐。此时，粗粮应正式进入宝宝的食谱，因为粗粮中含有丰富的营养物质，如B族维生素、膳食纤维、不同种类的氨基酸、铁、钙、镁、磷等，能满足宝宝的营养需求。

一般说来，绿叶蔬菜和豆制品比根茎类蔬菜营养价值高，肝肾等内脏比肉类营养价值高，杂粮比精粮营养价值高。在为宝宝安排每天饮食时要注意食物品种的多样化，粗细粮搭配、主副食搭配、荤素搭配、干稀搭配、甜咸搭配。

宝宝营养的摄入一定要均衡，过剩和不足都不利于宝宝的健康，甚至于诱发多种疾病。在幼儿期不要摄入过多糖分或吃太多高热能食品，以免导致肥胖症，加大成年期发生心血管病症的概率。

一般来说，此时宝宝每天的食量为：40多克的肉类，鸡蛋1个，牛奶

或豆浆250克，豆制品为30~40克，蔬菜、水果200克左右，油10克左右，糖10克左右。

宝宝三餐若没吃好，妈妈可以给他吃点儿点心，吃点心时间也要尽量固定，点心可以由牛奶、水果或妈妈做的食物充当。

贴心提示

妈妈要鼓励宝宝多参加活动，特别是室外活动，要充分利用阳光、空气和水等自然因素来促进孩子体质发育，避免肥胖或营养不良的发生。

不服钙剂时，怎么保证摄入充足的钙质

宝宝服用钙剂补钙，补到2岁时就可以了，2岁后最好通过食物来满足宝宝生长发育所需要的钙质。只要坚持饮食平衡的原则，如每天喝1~2杯牛奶，再加上蔬菜、水果和豆制品中的钙，已经足够满足人体所需，不需要另外再补充钙片。含钙多的食物有牛奶、核桃、猪排骨、青菜、紫菜、芝麻酱、海带、虾皮等，在烹调上要注意科学性，增加钙的摄入。

❧ 贴心提示 ❧

如果盲目给宝宝吃钙片，同时摄取维生素D，体内钙水平过高，就会抑制肠道对锌、铜、铁等微量元素的吸收。

怎样判断宝宝是否营养不良

宝宝营养不良可引起发育不良、消瘦、肥胖、贫血、脚气病、消化道疾病等，宝宝可能营养不良的征兆有：

1 如果宝宝长期情绪多变、爱激动、喜欢吵闹或性情暴躁等，则是甜食吃得过多引起的，应及时限制宝宝食物中糖分的摄入量，注意膳食平衡。否则宝宝很容易出现肥胖、近视、多动症等。

2 如果宝宝性格忧郁、反应迟钝、表情麻木等，应考虑其缺乏蛋白质、维生素等。需及时增加海产品、肉类、奶制品等富含蛋白质的食物，多吃蔬菜或水果，如番茄、橘子、苹果等。否则宝宝会出现贫血、免疫力下降等。

3 如果宝宝经常忧心忡忡、惊恐不安或健忘，应考虑可能缺乏B族维生素，可及时增加蛋黄、猪肝、核桃以及一些粗粮，否则长期缺乏B族维生素会引起食欲缺乏，影响生长发育、脑神经的反应能力及思维能力等。

宝宝爱喝饮料怎么办

如果宝宝就是爱喝可乐、雪碧等碳酸饮料，爸爸妈妈一定不可以纵容，而应用一些巧妙的方法加以纠正：

1 爸爸妈妈一定要统一战线，千万不要发生跟妈妈要不到、跟爸爸要就有的现象。而且，妈妈一定要耐得住宝宝哭闹、撒娇。宝宝的"拗"都是一时的，但养成好习惯却可以受用一辈子。

2 爸爸妈妈要做表率，自己喝着可乐却要宝宝多喝水，最没有说服力。宝宝喜欢向爸爸妈妈学习，如果看到爸爸妈妈口渴了就倒杯水喝，自然就学着喝水。

3 妈妈最好不要买，也不要在家里储存饮料，让宝宝渴了就只能喝开水。就算偶尔让宝宝解解馋，也要当场就喝完。

4 可以试着跟宝宝有个约定，如一个星期可以喝一次可乐，或周末的时候可以喝珍珠奶茶等，让宝宝解解馋。

5 由于甜味饮料对宝宝的吸引力特别强，妈妈可以在果汁里兑点水，降低饮料的甜度，这样就可以防止宝宝对饮料上瘾。

❧ 贴心提示 ❧

妈妈可以自己用榨汁机榨新鲜的果蔬汁给宝宝喝，这样比较安全营养，但也要定时定量。

碳酸饮料对宝宝健康有什么影响

宝宝喝太多饮料对其身体发育特别不利，尤其是碳酸饮料，如可乐、雪碧之类的，它们中最主要的三种成分均影响宝宝健康：

1 二氧化碳影响消化。

碳酸饮料的主要成分是二氧化碳，宝宝饮用碳酸饮料后，释放的二氧化碳很容易引起腹胀，影响食欲，甚至造成肠胃功能紊乱。

2 糖分有损牙齿健康。

碳酸饮料浓浓的甜味来自甜味剂，也就是饮料含糖量太多，被人体吸收，就会产生大量热量，长期饮用非常容易引起肥胖，最重要的是，它会给肾脏带来很大的负担，这也是引起宝宝糖尿病的隐患之一。

碳酸饮料里糖分对宝宝的牙齿发育也很不利，特别腐损牙齿。有的父母会因此而选择无糖型的碳酸饮料，尽管喝无糖型的碳酸饮料减少了糖分的摄入，但这些饮料的酸性仍然很强，同样可能导致齿质腐损。

3 磷酸影响骨骼健康。

碳酸饮料大部分都含有磷酸，大量磷酸的摄入会影响钙的吸收，引起钙、磷比例失调。钙的缺失，对正处于生长发育过程中的宝宝来说，骨骼健康会受到威胁，对身体发育损害非常大。

锌对宝宝生长发育有什么作用

2~3岁是宝宝生长发育的关键时期，这期间宝宝身体的各个器官都在快速发展，各生理系统及功能也在不断发育成熟。

锌与其他微量元素一样，在人体内不能自然生成，由于各种生理代谢的需要，每天都有一定量的锌排出体外。因此，需要每天摄入一定量的锌以满足身体需要，它的作用是：

1 锌可维持婴幼儿中枢神经系统代谢、骨骼代谢，保障、促进宝宝体格（如身高、体重、头围、胸围等）生长、大脑发育、性征发育及性成熟的正常进行。

2 锌能帮助宝宝维持正常味觉、嗅觉功能，促进宝宝食欲。宝宝一旦缺锌时，就会出现味觉异常，影响食欲，造成消化功能不良。

3 锌能提高宝宝免疫功能，增强宝宝对疾病的抵抗力，从而减少宝宝患病的机会。

4 锌参与宝宝体内维生素A的代谢和生理功能，对维持正常的暗适应能力及改善视力低下有良好的作用。

5 锌还保护皮肤黏膜的正常发育，能促进伤口及黏膜溃疡的愈合，防止脱发及皮肤粗糙、上皮角化等。

哪些宝宝容易缺锌

根据国内外儿科医学研究的结果，有几类宝宝属于容易缺锌的高危人群，应列为补锌的重点对象：

1 妈妈在怀孕期间摄入锌不足的宝宝：如果孕妇的一日三餐中缺乏含锌的食品，势必会影响胎儿对锌的利用，使体内储备的锌过早被应用，这样的宝宝出生后就容易出现缺锌症状。

2 早产儿：如果宝宝不能在母体内孕育足够的时间而提前出生，就容易失去在母体内储备锌元素的黄金时间（一般是在孕后期的最后一个月），造成先天不足。

3 非母乳喂养的宝宝：母乳中含锌量大大超过普通牛奶，更重要的是其吸收率高达42%，这是任何非母乳食品都不能比的。

4 过分偏食的宝宝：有些"素食者"，从小拒绝吃任何肉类、蛋类、奶类及其制品，这样非常容易缺锌，因此，应从小就培养宝宝良好的饮食习惯，不偏食，不挑食。

5 过分好动的宝宝：不少宝宝尤其是男宝宝，过分好动，经常出汗甚至大汗淋漓，而汗水也是人体排锌的渠道之一。

6 罹患佝偻病的宝宝：这些宝宝因治疗疾病需要而服用钙制剂，而体内钙水平升高后就会抑制肠道对锌的吸收。同时，因为这样的患儿食欲也相对较差，食物中的锌摄入减少，很容易发生缺锌。

7 一些特殊情况下的宝宝：土壤含锌过低，使当地农产品缺锌；宝宝的消化吸收功能不良，一些疾病、药物如四环素等与锌结成难溶的复合物妨碍吸收。

❧ 贴心提示 ❧

在宝宝的饮食中，如果能合理搭配食物，同时宝宝没有挑食、偏食的坏毛病的话，宝宝一般不会有缺锌现象。

宝宝在什么情况下需要补锌

如果宝宝常出现以下不同程度的表现，就可能存在缺锌或者锌缺乏症，需要去医院做个检测，看看是否需要补锌。

1. 短期内反复患感冒、支气管炎或肺炎等。

2. 经常性食欲缺乏，挑食、厌食、过分素食、异食（吃墙皮、土块、煤渣等），明显消瘦。

3. 生长发育迟缓，体格矮小（不长个）。

4. 易激动、脾气大、多动、注意力不能集中、记忆力差，甚至影响智力发育。

5. 头发枯黄易脱落，佝偻病时补钙、补维生素D效果不好。

6. 经常性皮炎、痤疮，采取一般性治疗效果不佳。

如果出现这些情况，妈妈应及时带宝宝到有条件的医院进行头发或血液锌测定，在确定诊断的基础上，及早给宝宝补锌。

❧ 贴心提示 ❧

建议用头发测定的方式来检测微量元素的情况，头发反映的是过去几个星期甚至几个月内微量元素的营养状况，能更好地帮助判断宝宝的营养状况。

如何用食物给宝宝补锌

充足和均衡的营养供给是防治宝宝缺锌的关键，妈妈首先要改善宝宝的饮食习惯，设法帮助宝宝克服挑食、偏食的毛病。

在宝宝的饮食中，可以适当添加富锌的天然食物，如海产品（海鱼、牡蛎、贝类等）、动物肝脏、花生、豆制品、坚果（杏仁、核桃、榛子等）、麦芽、麦麸、蛋黄、奶制品等。

一般禽肉类，特别是红肉类动物性食物含锌多，且吸收率也高于植物性食品。粗粉（全麦类）含锌多于精粉。发酵食品的锌吸收率高，应多给宝宝选择。

❧ 贴心提示 ❧

菠菜等含植物草酸多的蔬菜应先在水中焯一下，再加工后进食，以防它们干扰锌的吸收。

如何正确选择补锌产品

如果宝宝需要额外服用补锌剂，妈妈在给宝宝选择补锌产品时应注意以下几个方面。

1 认准品质。
首选有机锌，如乳酸锌、葡萄糖酸锌、醋酸锌等。与无机锌（硫酸锌、氯化锌等）相比较，有机锌对胃口刺激较小、吸收率高。目前有些经生物技术转化的生物锌制剂把锌与蛋白有机结合起来，锌吸收率更高，不良反应更少，如能买到，可优先选择。

2 避开钙、铁、锌同补的产品。
过多的钙与铁在体内吸收过程中将与锌"竞争"载体蛋白，干扰锌的吸收，需要补钙、补铁的患儿要把钙、铁产品与锌产品分开服用，间隔长一些为好。

3 计算好用量。
补锌不是越多越好，补锌剂量以年龄和缺锌程度而定，不可过量。买补锌产品时要看产品说明书上标定的元素锌的含量，这是计算宝宝服锌量的标准，而不是看它一片（袋）总重量是多少。

在计算补锌计量时不要超过国家推荐的锌摄入标准，如6个月以内的宝宝每天应该摄入3毫克锌，6~12个月的宝宝每天应该摄入5毫克左右的锌，1~3岁的宝宝每天应该摄入6~10毫克的锌。还要除去宝宝每天膳食的锌摄入量。一旦宝宝食欲改善后，可添加富锌食物，减少补锌产品用量。

4 适合宝宝口感。
当然，在保障质量的前提下，产品口感好，宝宝乐意接受，且价格适当，也是权衡和选择的条件。

日常生活护理细节

宝宝的鞋袜怎么选择

2~3岁宝宝跑跳能力有了提高，选择合适的鞋袜尤为重要。鞋子应该是选择穿脱方便、透气性强、鞋帮较高、鞋底较软的布鞋或橡胶底的布鞋。

人造合成革的鞋不透气，不适合宝宝。系鞋带的鞋也最好不要穿，这时的宝宝还不会系鞋带，宝宝在外面玩时，鞋带松了容易踩到鞋带摔倒。不过，妈妈可以教宝宝系鞋带，或选择鞋带不容易松散的系鞋带的鞋子。另外，不要给宝宝穿皮鞋，因为宝宝的身体正处于迅速发育的阶段，皮肤薄、肌肉细嫩，骨骼脆弱，如果在这个时候让宝宝穿皮鞋，很容易使脚畸形生长。皮鞋大多数伸缩性小、硬度大，鞋面和鞋底硬，容易压迫宝宝的脚部神经和血管，使脚部的发育变形，甚至形成"扁平足"，脚部的血液循环会因此形成障碍。在重要场合下必须穿皮鞋时，可给宝宝选择较软一些的皮鞋，且不宜长时间穿。

至于袜子，最好选用棉线袜，宝宝活动量大，脚部容易出汗，棉线袜透气性强，保暖性较好。不要选择尼龙袜，尼龙袜透气性差，保暖性也不如棉线袜好。袜子袜口松紧要适宜，太紧容易影响宝宝脚部的血液循环，太松不够保暖且容易脱落。

贴心提示

宝宝的鞋和袜都要经常洗换，鞋最好一周洗一次，袜子应每天清洗更换，且洗后最好在阳光下暴晒，以达到杀菌消毒的目的。

宝宝夜间磨牙、咀嚼是怎么回事

磨牙动作是在三叉神经的支配下，通过咀嚼肌持续收缩来完成的，夜间磨牙对宝宝的发育不利。

为什么有些宝宝在睡觉时磨牙呢？经研究，目前认为有以下几种原因。

1 肠道有寄生虫，肚子里有蛔虫。蛔虫寄生在宝宝的小肠内，不仅掠夺营养物质，还会刺激肠壁，分泌毒素，引起消化不良。宝宝的肚子经常隐隐作痛，就会造成失眠、烦躁和夜间磨牙。

另外，蛲虫也会引起磨牙。蛲虫平时寄生在人体的大肠内，宝宝入睡以后，蛲虫会悄悄地爬到肛门口产卵，引起肛门瘙痒，使宝宝睡得不安稳，出现磨牙。

治疗方法：给宝宝驱虫。平时养成良好的卫生习惯。

2 晚餐吃得过饱或者临睡前加餐，导致宝宝消化不良而引起磨牙。父母不要在临睡前让宝宝吃得过饱，尤其不能吃不易消化的食物，吃饱后稍微待上一会儿再让宝宝上床睡觉。

3 缺乏维生素D患有佝偻病的宝宝，由于体内钙、磷代谢紊乱，会引起骨骼缺钙、肌肉酸痛和自主神经紊乱，常常会出现多汗、夜惊、烦躁不安和夜间磨牙。如经医生诊断是这种情况引起的磨牙，应在医生的指导下给宝宝补充维生素D、钙片，平时多晒太阳，夜间磨牙情况会逐渐减少。

4 宝宝白天情绪激动、过度疲劳或情绪紧张等精神因素，都可以使大脑皮质功能失调而在睡觉后出现磨牙动作。

5 口腔疾病或卫生差也可以引起磨牙。宝宝从3岁开始应养成早晚刷牙的好习惯。另外，父母要定期带宝宝去看牙科医生，防治宝宝口腔疾病。

❀ 贴心提示 ❀

要注意，有时虽然引起磨牙的疾病已治愈，但因磨牙时间较长，夜时磨牙动作不会立即消失，妈妈不要太过着急担心。

如何通过宝宝的指甲判断健康情况

指甲不仅能保护宝宝的手指，也能反映宝宝的健康状况。健康宝宝的指甲是粉红色的，外观光滑亮泽，坚韧呈弧形，甲半月颜色稍淡，甲廓上没有倒刺。轻轻压住指甲的末端，甲板呈白色，放开后立刻恢复粉红色。而对于营养不均衡或身体有疾病的宝宝，他们的指甲也会出现一些变化。

1 宝宝指甲甲板突然增厚、变硬，可能是宝宝患有甲癣。而指甲变软、变曲、指尖容易断裂，则多见于先天性梅毒、维生素D缺乏等疾病患儿。总之，宝宝指甲太厚太脆都有问题，最好去医院检查一下。

2 指甲红色太淡，多是贫血导致，父母应注意给宝宝补血。指甲的甲板上出现白色斑点和絮状的白色物质，多是由于受到挤压、碰撞，致使甲根部的甲母质细胞受到损伤导致的。随着指甲向上生长，白点部位会被剪掉。指甲变成黄色可能是宝宝患有黄疸性肝炎或者吃了大量的橘子、胡萝卜；另外，真菌感染也会引起指甲变黄，但同现这种情况时多伴有指甲形态的改变。

3 甲板纵向发生破裂，可能是宝宝罹患甲状腺功能低下，脑垂体前叶功能异常等疾病，应及时去医院检查、确诊、治疗。

4 甲板出现脊状隆起，变得粗糙、高低不平，多是由于B族维生素缺乏，可在食谱中增加蛋黄、动物肝肾、绿豆和深绿色蔬菜。

5 甲板出现横沟可能是宝宝得了热病（如麻疹、肺热、猩红热等），也可能是代谢异常或皮肤病等原因导致，最好去医院确诊一下。

贴心提示

甲根部发白的半月形，叫甲半月。一般而言，甲半月占整个指甲的1/5是最佳状态，过大、过小或者隐隐约约都不太正常。

宝宝过分恋物怎么办

宝宝有从不离手的心爱玩具吗？当妈妈把宝宝的玩具抢走，他会大哭大闹甚至不吃不喝吗？更有甚者，宝宝除了心爱玩具，对任何其他的人和事都不会表现得如此依恋。同时，他好像很难适应新的环境，闷闷不乐，少言寡语。面对这样的宝宝，父母就要担心，他可能恋物成瘾了。

在婴儿时期，宝宝会对妈妈形成一种依恋，例如，他会喜欢偎依在妈妈的怀抱里，这是一种积极的、充满情感的依恋。一般来说，宝宝从6个月起，就出现了依恋。2~3岁是建立宝宝与父母之间依恋感的关键时期，在这个时期，父母需要多花一些时间来与宝宝相处，建立良好的亲子互动关系。

如果宝宝经常与父母分离，或是因为疾病、恐惧，没有游戏、玩具及正常的人际交往等，而没有形成良好的依恋关系。于是，宝宝在情感发展过程中，往往会出于情感需要而与某些物品建立起一种亲密的联系，将依恋转移到物品上。当感觉孤独、焦虑和恐惧时，他会紧紧地抱住物品，试图得到一种安全感——这就是宝宝恋物的原因。

❧ 贴心提示 ❧

以前这样的症状在我国并没有引起父母们的重视，近年来，随着生活节奏的变快、竞争压力的增加，父母更强调对宝宝的教育，而忽略了亲情的互动，导致有恋物瘾的宝宝越来越多。恋物瘾其实是一种轻微的孤独症。

宝宝鼻出血如何护理

宝宝鼻出血正确处理妙法：

压迫止血法

首先，妈妈不要惊慌失措，要安慰宝宝，"妈妈在，没有关系"；让宝宝采取坐位，身体向前倾斜，防止宝宝将血咽下去，同时把凉毛巾敷在宝宝的前额上；捏住宝宝两侧鼻翼上方，持续10分钟，如果继续出血，表明没有压迫到出血的部位，要更换部位。

堵塞鼻孔法

还可以把消毒棉球塞入宝宝的鼻孔并进行按压；如果按压后仍血流不止，再用棉球蘸上少许云南白药堵塞住出血的鼻孔，这种方法止血效果很好。

如果经过以上处理仍然不能止血，或鼻子经常反复流血，千万不能掉以轻心，应马上到医院进行检查，排除血液系统的疾病。

如果宝宝出血较多，出现面色苍白、大量出汗、四肢冰凉、烦躁不安等症状，或头晕心慌，可能是引起了虚脱或休克，要立即到医院诊治，不要延误病情。

❦ 贴心提示 ❧

注意室内保持一定的湿度，干燥的冬天可以在宝宝的卧室内放置加湿器，并在晚上入睡前，给宝宝的鼻孔周围滴少许薄荷油，保持鼻黏膜湿润，防止破裂出血。

宝宝总是流鼻涕有问题吗

在日常生活中，不少父母被宝宝常流鼻涕的问题所困惑，尤其是在低气温的季节。那宝宝常流鼻涕究竟是为什么呢？

在正常情况下，人的鼻腔黏膜时时都在分泌黏液，以湿润鼻腔黏膜，湿润吸进的空气，并粘住由空气中吸入的粉尘和微生物，这就是鼻涕。正常人每天分泌鼻涕数百毫升，这些鼻涕都顺着鼻黏膜纤毛运动的方向，流向鼻后孔到咽部，加上蒸发和干结，一般就看不到它从鼻腔溢出了。但由于小儿的鼻腔黏膜血管较成人丰富，分泌物也较多，加上神经系统对鼻黏膜分泌及纤毛运动的调节功能尚未健全，因而会不时流些清鼻涕。还有一些小孩受遗传、体质因素的影响，从幼儿时期至上小学阶段，均显得鼻涕比别的宝宝多，但无其他不适或特殊症状，长大后即自然减轻。在大多情况下，这些都属正常现象，无须担心。

如果宝宝的鼻孔下总挂着两行鼻涕，尤其是流出黄绿色的浓鼻涕，那就是病态的表现了。由于病因的不同，鼻涕可有不同的性质：

1 清水样鼻涕：鼻分泌物稀薄，透明如清水。多见于鼻炎早期、感冒，对吸入的粉尘过敏，会在短时间内流大量清鼻涕。

2 黏液性鼻涕：分泌物较稠，呈半透明状，含有多量黏蛋白。寒冷刺激、慢性鼻炎时多见。

3 黏脓性鼻涕：分泌物黏稠，呈黄绿色、不透明，并有臭味，多见于较重的鼻窦炎，如上颌窦炎、额窦炎等。少数鼻腔内有异物存在的小儿，也会经常流黏脓样鼻涕。

贴心提示

宝宝不正常流鼻涕，应及时去医院诊治。平常多让宝宝到户外活动，加强耐寒锻炼，保持居室空气清新，保证宝宝营养合理，这些都有助于预防或减少宝宝流鼻涕的发生。

如何给宝宝选择合适的牙膏牙刷

关于牙刷

1 刷头：要根据宝宝的年龄来确定牙刷刷头的大小。2~3岁时，牙刷头的长度应为2.0~2.5厘米，宽度为0.5~0.8厘米，有2~4排刷毛，每排3~4束刷毛，牙刷头前端应为圆钝形。之后随着年龄的增长，可选择稍大的刷头。

2 刷毛：牙刷刷毛有天然毛鬃和尼龙丝毛两种。尼龙丝毛牙刷比较符合宝宝的牙齿特性。它弹性好，按摩均匀，有利于幼儿口腔保健。而且幼儿一般要使用偏软性牙刷，这样才不会磨损牙齿和牙龈。在买牙刷时，可用手指压一下刷毛，如手指有刺痛感则表示太硬。刷毛来回弯曲自如、手指有点痒的感觉，表示比较软。

关于牙膏

现在牙膏的品种很多，有洗必泰牙膏、氟化物牙膏、含酶牙膏及中药配方牙膏等。无论是普通牙膏，还是药物牙膏，它们的主要成分都是碳酸钙粉（一种摩擦剂，刷牙时可将牙垢摩擦下来）、少量发泡剂（刷牙时产生泡沫可以黏附摩擦下来的牙垢），还有黏合剂和芳香剂（能增加黏性和口感）。总的来说，含氟牙膏是预防龋齿比较好的药物牙膏。但使用不当，宝宝会容易得氟牙症。建议3岁以下的宝宝要么不使用含氟牙膏，要么选择含氟量较低的儿童牙膏。也可以选择具有天然的水果味的牙膏，刺激性小，可引起宝宝的味觉兴趣，但要防止宝宝吞吃。

另外，宝宝每次牙膏的使用量大约只需黄豆般大小就够了，最多不超过1厘米。刷完牙后要把牙膏漱干净。

贴心提示

给宝宝购买牙刷牙膏时，可带上宝宝，让宝宝挑选自己喜欢的款式，以提高宝宝对刷牙的热情和期待，对宝宝学习刷牙有帮助。

纠正宝宝抠鼻子、吐口水的坏习惯

宝宝正是习惯养成的时候，自己也没法辨别哪些习惯是好的，哪些是不文明的，所以当妈妈发现宝宝的一些坏习惯时，要及时地纠正并教会宝宝好的习惯。比较常见的有下面两种：

经常用手抠鼻子

抠鼻孔是宝宝探索自己身体的一种有趣的方式。而对另一些宝宝而言，这有可能是过敏的征兆，他们通过抠鼻孔来缓解自己身体的不适。妈妈最好请儿科医生诊断一下宝宝是否患有过敏症。如果没有，平时就要向宝宝解释清洁鼻孔的最好方法是用纸巾，妈妈还可以为宝宝准备儿童用的卡通图案的纸巾，这样有助于宝宝改正自己的不良习惯。

随地吐口水

宝宝吐口水，可能只是觉得好玩才学着吐。妈妈发现宝宝的问题后，要告诉宝宝随地吐口水是一种不文明的行为。妈妈可以通过与宝宝做游戏或者用其他事物来转移宝宝的注意力，不让宝宝再吐口水。

如果宝宝嘴里真的进了脏东西，妈妈可以教宝宝去卫生间漱口；若是在外面，妈妈可以告诉宝宝，要把脏东西吐到餐巾纸上，然后再把餐巾纸扔到垃圾箱里。

贴心提示

妈妈要以身作则，在宝宝面前要保持良好的形象，不随地乱扔垃圾，不吃没洗的水果，不说脏话等，妈妈要时时刻刻想着自己是宝宝的榜样。

Part 4 2~3岁 开始像大人一样吃饭

哪些情况下不宜给宝宝洗澡

给宝宝洗澡，是一种很好的皮肤锻炼，也是讲究卫生，保护皮肤清洁的重要措施，所以，宝宝要经常洗澡。但出现下列情况时，要暂停给宝宝洗澡。

1 发热、呕吐、频繁腹泻时，不能给宝宝洗澡，因为洗澡后全身毛细血管扩张，容易导致急性脑缺血、缺氧而发生虚脱和休克。

2 宝宝打不起精神，不想吃东西甚至拒绝进食，有时还表现为伤心、爱哭，这可能是宝宝生病的先兆，或者已经生病了。这种情况下给宝宝洗澡，会导致发热或加剧病情的发展。

3 发热经过治疗后，退热不到两昼夜（即48小时）以内时，是不宜洗澡的。因为发热后的宝宝抵抗力极差，很容易导致再次外感风寒而引起发热。

4 如果遇上宝宝发生烧伤、烫伤、外伤，或有脓疱疮、荨麻疹、水痘、麻疹等，不宜给宝宝洗澡。这是因为宝宝身体的局部已经有不同程度的破损和炎症，马上洗澡会进一步损伤，引起感染。

5 宝宝饭后不要马上洗澡，洗澡应在饭后30分钟较为适宜。另外，宝宝在兴奋过后，也不要马上洗澡，因为宝宝自我调节能力较差。

❧ 贴心提示 ❧

当宝宝身体不适，不宜洗澡时，妈妈可以热毛巾给宝宝擦身体，使宝宝身体保持清洁。

想让宝宝长高就要让他多活动

想让宝宝长得更高，除了给宝宝补充充足的营养外，还要让宝宝多活动。

活动最好选择在室外，开始时，可以利用宝宝的好奇心让他试着爬坡、上楼梯、爬木桩、走平衡木。通过重复这些运动来提高宝宝的能力。如果天气不好宝宝必须在家锻炼，也应尽量让宝宝接触室外空气。

另外，建议父母每天带宝宝散步。当然，在炎热的夏天，这样做有些勉强。但在其他季节，一定要每天带宝宝散一次步。而且要注意，冬天穿衣服太多容易疲劳，容易出汗，散步时应尽量穿便服。如果鞋子窄小，或者鞋带松了、鞋垫有褶，走起来就不舒服，宝宝就会要父母抱，所以散步前一定要检查鞋子。有时，也可以带宝宝到有台阶或山坡的地方走走，可把散步当作锻炼。

妈妈带宝宝外出时，宝宝如果要求抱，妈妈不要一味地满足，否则宝宝很快就会养成抱癖，就会丧失很多锻炼的机会。

有条件的话，最好每周末都带宝宝一起去游泳，特别是让容易积痰的宝宝参加游泳。对哮喘患儿来说，游泳是最好的锻炼方式。

宝宝活动量一定要适宜。适量与否可根据宝宝锻炼后的感觉来判断，如果精力旺盛、睡得熟、吃得香，说明运动没过量，反之，则运动量过大。

贴心提示

不要让宝宝在过饱和饥饿时活动，活动完后要注意及时补充水分。

警惕宝宝那些毁牙的坏习惯

保护乳牙是宝宝生长发育中一个不能忽视的部分。想让宝宝拥有一口好牙齿，父母除了要帮宝宝从小养成坚持刷牙、定期做口腔检查的好习惯外，还要警惕宝宝那些毁牙的坏习惯。

偏侧咀嚼

偏侧咀嚼会使牙弓向咀嚼侧旋转，没使用的那一侧牙齿发育不良，使下颌向咀嚼侧偏斜、导致脸形左右不对称。父母要从宝宝开始咀嚼食物起就教宝宝，吃东西时，两侧牙齿轮番使用。

口呼吸

正常的呼吸应用鼻子进行，但如果宝宝患有鼻炎或腺样体肥大等疾病，鼻道不通畅，就会形成口呼吸的习惯。长期进行口呼吸，宝宝的舌头和下颌后退，会导致上颌前凸，上牙弓狭窄，牙齿不齐。父母若发现宝宝用口呼吸，要及早带宝宝去医院检查，看宝宝是否患有鼻炎或腺样体肥大，并及早治疗。

咬东西

很多宝宝喜欢啃手指甲或者咬衣角、袖口、被角及吮吸奶嘴等，在咬这些物体的时候一般总固定在牙齿的某一个部位，所以容易在上下牙之间造成局部间隙，时间久了，就容易形成牙齿局部的小开合畸形。父母要纠正宝宝咬东西的习惯。

刷牙用力过大

刷牙用力过大会造成牙齿表面釉质与牙本质间的薄弱部分过分磨耗，形成楔状缺损，引起牙齿过敏，继发龋齿，甚至牙髓暴露或出现牙龈损伤、萎缩。父母要教宝宝正确的刷牙方法。

睡前吃糖

要避免让宝宝睡前吃糖，否则糖分在细菌的新陈代谢过程中不断产生乳酸，腐蚀牙齿形成蛀洞，从而发生龋齿。

❀❀ 贴心提示 ❀❀

父母不要随便给宝宝剔牙，以免使宝宝牙缝变宽，而且剔牙的牙签如果不卫生，还容易将细菌带入口腔，引起感染。

带宝宝坐私家车应注意什么

有私家车的父母在带宝宝外出时千万不能掉以轻心。不能让宝宝坐在前排副驾驶座，因为这个座位实际上是汽车里最危险的位置，当急刹车或者发生碰撞时，副驾驶座上的宝宝就会前冲，撞向中控台或前挡风玻璃。好动的宝宝，还可能干扰正常驾驶，诱发事故。也不要抱着宝宝坐车，更不能抱着宝宝开车。汽车测验表明，当汽车在时速40千米时突然紧急刹车，在惯性作用下，5.5千克重的宝宝，会变成相当于110千克的动力，此时，父母根本无力保护宝宝。另外，不要给宝宝系成人安全带，因为宝宝身材矮小，身体尚未发育完全，只是扎在腰部的那段安全带才起作用，一旦发生交通意外就会造成宝宝的腰部挤伤或脖子、脸颊压伤。如果系得太松，又不会起到任何保护作用，撞击后可能导致宝宝直接飞出去。那么宝宝到底应该怎样坐私家车呢？

正确的做法是，体重轻于9千克的宝宝，应使用后向式儿童安全座椅，将安全带置于较低的狭槽中，与肩齐或比肩略低，将安全带夹头的顶部系在腋窝位置，千万不要把朝后坐的宝宝，放在有安全气囊的前排座位上。9~18千克重的宝宝，应使用前向式汽车座椅，将安全带放在指定的加固狭槽中，与肩齐或者高于肩部，将安全带固定在腋窝的高度，保持安全带贴在身上。

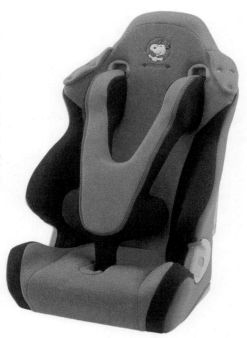

贴心提示

有宝宝在车上时，开车速度一定要慢，防止发生意外。

宝宝总爱眨巴眼，如何纠正

眨眼本是一种正常的生理反射现象，但若不自主地频繁眨眼就是病态了，医学上称为多瞬症。

小儿多瞬症多由宝宝长时间看电视而形成频繁眨眼，每分钟12次以上，有时伴有面肌痉挛或其他全身症状。因为影响仪容，宝宝经常眨眼会受到父母的责备，宝宝心里紧张，眨眼就会加重。

父母最好观察记录宝宝每天看电视的时间，一般2岁的宝宝每天只可看15分钟电视，包括录像和动画片在内，不可以增加。可经常让宝宝看远处，让眼睛得到休息，在轻松愉快的生活中宝宝会逐渐改掉眨眼的习惯。

如确诊宝宝患有多瞬症，父母应积极消除患儿不良的心理因素，鼓励并引导患儿从事正常的游戏、娱乐与生活，努力转移、分散其注意力。治疗期间要少看电视，看电视时房间要有适当的照明。在临床治疗方面，可使用谷维素、维生素B_1、乳酶生或利福平眼药水等；中医的中药汤剂、针灸、推拿等效果甚佳。但均须在医生指导下进行。

另外，治疗期间，应少吃鱼、肉、鸡、虾、蟹等高蛋白、高脂肪食物，多食蔬菜、水果、豆制品等，并加强体能锻炼。

贴心提示

西医认为，多瞬症的发生同营养不良、用眼不当、沙眼、角膜炎、结膜炎等炎症刺激有关。而国外新研究发现，本病同强光刺激也密切相关，如电视影像变化速度快、画面闪烁等。

宝宝喜欢憋尿怎么办

不少宝宝有过憋尿的经历，有的是迫不得已，有的则是形成了习惯。岂不知，这种坏习惯一旦养成，久而久之，就会对宝宝的身体健康甚至大脑功能造成负面影响。

父母对于宝宝的憋尿不仅要引起重视，更要采取有效的措施。一般来说，应从以下几个方面着手：

1　在日常生活中，父母就要让宝宝养成及时排尿的好习惯。在宝宝还没有入幼儿园之前，要有意提醒宝宝及时排尿。如在宝宝看电视和玩游戏前，让宝宝先去厕所，以免玩到入迷忘了排尿，并为宝宝定好排尿的时间，尽管有时宝宝还没到尿多的时候，也还是让他排尿。这样长时间地做下去，宝宝便会习惯成自然。

2　父母带宝宝逛街的时候，要特别留意厕所的方位，如果宝宝一旦需要排尿，就可以带他找到地方，既不致造成憋尿的不良后果，也不会影响到环境卫生。

3　及时发现宝宝憋尿的先兆。比如当宝宝精神紧张、坐立不安、夹紧或抖动双腿时，就要赶快问问宝宝是不是想排尿，如果确是憋尿，要立即带他去厕所。

4　如果发现宝宝经常憋尿，父母就要带宝宝去医院检查，看看宝宝的生殖系统是否发生了畸形，因为有些宝宝憋尿的原因跟生殖功能发生畸形有关。如果不是这种疾病，妈妈则应到心理咨询中心为宝宝寻求心理治疗。

贴心提示

不要因为怕宝宝憋尿就时刻提醒宝宝尿尿，排尿过于频繁，宝宝就容易形成尿频，这也是一种病态现象，对健康不利。

宝宝精神性尿频如何护理

精神性尿频症完全是一种由不良"频尿训练"所致的恶性条件反射。当宝宝长到1岁多会走路时，尿布常常妨碍他们行走，于是做妈妈的为宝宝解下了尿布。从此，妈妈最担心的就是怕宝宝尿湿裤子。每半小时或1小时就要问宝宝："尿尿吗?"宝宝无奈，只得随母亲去尿一点点，渐渐地便形成了习惯。有时，当宝宝看着母亲忙来忙去或来了客人不理会自己时，为了引起母亲的注意，他也会叫喊："尿尿!"于是母亲只得不情愿地带宝宝去洗手间。长此以往，宝宝就有了尿频的习惯。

如果宝宝有精神性尿频症，父母可以采取以下措施试试:

1 规定一个排尿间隔时间。开始可定为一个半小时。白天，不管有无尿意，到了一个半小时，即让宝宝主动排尿一次。如未到时间，即使有尿意，也得暂时忍着。经过一段时间，宝宝适应后，可逐步延长至2小时、3小时的间隔，直至4小时、5小时。但是夜间不必限时。

2 着手改变宝宝的生活氛围和学习环境。如多安排有趣的游戏活动，让宝宝经常和没有尿频的小朋友一起玩耍，以分散注意力，抑制排尿中枢的兴奋性。让宝宝在玩耍中忘记尿尿。

3 白天不要控制宝宝的饮水量，晚上适当减少饮水量，尤其在临睡前不喝水。

如果宝宝尿频较严重，或经过上述方法仍无效者，应送医院诊治。

❀ 贴心提示 ❀

如果宝宝排尿次数较多，妈妈不要指责宝宝，宝宝一紧张，尿频会更严重。父母放心，经过一段时间的努力，随着宝宝年龄增长，尿频症状可自行消失，既不会影响宝宝健康，也不会影响发育。

给宝宝选择一所合适的幼儿园

宝宝3岁时就要去幼儿园了，有的宝宝2岁多就已经进入幼儿园了。幼儿园是宝宝出生以来第1次接受正规教育，参与集体生活的地方。妈妈一定要给宝宝选择一家合适的幼儿园，以利于开发宝宝各种潜能以及培养宝宝各方面能力，使宝宝更加健康、快乐地成长。

选择幼儿园主要从以下几个方面考虑：

1 硬件设施：看幼儿园的各种设备是否齐全、先进；供小朋友玩的设施是否安全、多样；教室的桌椅和小朋友们的床的设计是否合理、安全，等等。

2 师资水平：看幼儿园的老师是否有修养、有知识，对宝宝是否有爱心、亲切，等等。

3 工作人员的素质：看幼儿园是否配备专门的医护人员、厨师、营养师等，其专业素质如何。

4 管理水平：看幼儿园的各项工作是否开展得井然有序。

5 整体氛围：看幼儿园是朝气蓬勃还是死气沉沉。

6 环境：看幼儿园里的环境是否优雅、空气质量如何等。

7 交通条件：看幼儿园附近交通是否便利，离家近不近等。

父母在送宝宝上幼儿园之前应先去幼儿园看几次，并问一下周边的人对该幼儿园的评价如何，经过慎重考虑后，为宝宝选择最佳的幼儿园。

❧ 贴心提示 ❧

挑选幼儿园最主要的是宝宝自己喜欢。父母将宝宝送到幼儿园后，要多问宝宝是否喜欢这个幼儿园，若宝宝明确表明不喜欢，妈妈要弄清原因，考虑是否给宝宝换幼儿园。

宝宝入托前应做哪些准备

为了避免宝宝入园后不适应，或对入园产生排斥心理，父母事前应该做些准备。

熟悉环境

在确定送宝宝入园前的一两个月内要经常带宝宝去幼儿园熟悉熟悉环境，接触老师和同班的小朋友，最好和幼儿园里的老师和小朋友做一些游戏，让宝宝感受在幼儿园这个集体中生活的乐趣，为宝宝真正地入园打下坚实的基础。

邀请老师家访

父母有必要请求幼儿园内的老师进行家访，其目的就是让宝宝在自己熟悉的环境中，先与陌生的老师接触，通过和老师面对面的交谈、游戏，加深对老师的认识和了解，减少对陌生人的恐惧感。

老师也可以和父母一起交流，让老师介绍一下幼儿园的详细情况，让父母对幼儿园也有所了解。同时，父母也应该向老师详细介绍一下宝宝的具体情况、性格、喜好等，这对入园后更好地照顾宝宝有重要作用。

调整作息时间

父母应了解一下幼儿园的作息制度和要求，入园前就让宝宝在家照这个作息制度生活一段时间，入托后会更快地适应新生活。

∽ 贴心提示 ∾

宝宝入园时，妈妈应准备一些宝宝喜欢的玩具，只要看见这些熟悉的东西，宝宝就会有一定的安全感。在一定程度上讲，这些物品会帮助宝宝减少哭闹，尽快度过分离焦虑期。

宝宝哭闹着不肯上幼儿园怎么办

对于宝宝哭闹着不肯上幼儿园这一问题，父母们都各有办法。但是最重要的原则是：父母要坚持接送，勤与教师交流沟通，并及时发现和解决问题；多鼓励，多表扬，培养宝宝的独立和自理能力。这样持续下来，宝宝就会渐渐喜欢上幼儿园。以下几条建议供父母参考：

做好入园前的准备工作

送宝宝上幼儿园之前一定要做好充足的准备。如带宝宝熟悉幼儿园的环境；通过故事，让宝宝对幼儿园的生活产生兴趣；给宝宝安排与幼儿园相应的作息时间等。

鼓励宝宝多交朋友

幼儿园里的小朋友对于宝宝来说是相当重要的。有朋友的陪伴，他就不会对大人离开身边的事情念念不忘了。因此平时可以邀请其他小朋友到家中来玩，以促进宝宝们之间的友谊。

坚持送宝宝上幼儿园

不管天气冷热、刮风下雨，都要坚持按时送宝宝上幼儿园。这样才

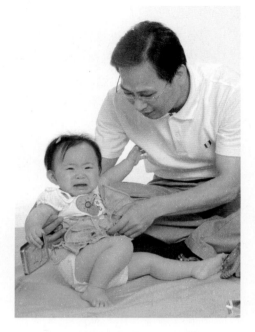

能培养宝宝的纪律性，让宝宝知道上幼儿园就跟爸爸妈妈上班一样，要守时、守纪律。

及时与宝宝和老师沟通

如果入园已经很长一段时间了，宝宝还是有强烈的害怕和抵触情绪，父母就要注意了。要及时与宝宝和老师沟通，找出具体原因，以便对症下药。

贴心提示

若发现宝宝身体不舒服，可暂时不上幼儿园，在家观察。如果家里没人，也可送去幼儿园，但要和老师说明情况，以便老师观察和照顾。

宝宝在幼儿园不合群怎么办

消除宝宝的不安全感

不合群的宝宝多半胆子很小，性情也比较懦弱。父母应鼓励宝宝大胆与人交往，同时给宝宝一个自由、和谐的心理环境。父母不可对宝宝说"你怎么这么笨，这点儿小事都做不好"之类的话，这会加重宝宝的不安全感和孤独感。

要帮助宝宝结交玩伴

在送宝宝去幼儿园之前，妈妈就要让宝宝多与邻居的宝宝一起玩，多带宝宝参加一些活动，或者带宝宝去公园、广场等人多的地方活动活动，从小做起，改变习惯。为了宝宝的安全，老是让宝宝待在家里，这样更容易造成宝宝内向、不合群。

让宝宝学会交往

使幼儿适应集体生活，必须教宝宝学会与同伴交往，而游戏正是幼儿友好交往的重要途径。父母可以经常请一些小朋友到家里玩，让他们一起游戏、听故事、唱歌、跳舞、画画，逐步养成宝宝与同伴交往的习惯，并在交往中使其懂得游戏规则，学会谦让、容忍、礼貌等行为。久而久之，习惯成自然，宝宝就会产生与同伴游戏的欲望。

帮助宝宝克服依赖感

不合群的宝宝对父母有强烈的依赖感，自主生活能力差，什么事情都要父母帮助。这时父母一定要让宝宝自己独立完成一些事情，不可有求必应，总是照顾、代替他去把事情做好。

贴心提示

若你的宝宝天生比较内向，在送宝宝入园时，要请老师多给宝宝一些关注，引导宝宝和小朋友做一些互动的小游戏，慢慢地引导宝宝融入幼儿园这个集体中去。

Part 5
宝宝常见病饮食调理

宝宝常见病饮食调理

湿疹

湿疹又叫过敏性皮炎。新生儿湿疹多出现在出生后1个月左右，有的出生后1~2周即出现湿疹。新生儿湿疹主要发生在两个颊部、额部和下颌部，严重时可累及胸部和上臂。

症状

湿疹开始时皮肤发红，上面有针头大小的红色丘疹，可出现水疱、脓疱、小糜烂面、潮湿、渗液，并可形成痂皮。痂脱落后会露出糜烂面。数周至数月后，糜烂面逐渐消失，宝宝皮肤会变得干燥，而且出现少许薄痂或鳞屑。

日常护理

1 宝宝的贴身衣服和被褥必须是棉质的，所有衣服的领子也最好是棉质的，避免化纤、羊毛制品对宝宝造成刺激。

2 给宝宝穿衣服要略偏凉，衣着应较宽松、轻软，过热、出汗都会造成湿疹加重。要经常给宝宝更换衣物、枕头、被褥等，保持宝宝身体的干爽。

3 在给宝宝洗浴时以温水洗浴最好，要选择偏酸性的洗浴用品，保持宝宝皮肤清洁，尤其不能用热水和肥皂。不能因为宝宝有湿疹而减少为宝宝洗脸、洗澡的次数，因为皮肤不清洁的话，感染的机会会增加。

4 勤给宝宝剪指甲，避免宝宝抓挠患处，造成继发性感染。

饮食调理

1 最好是母乳喂养，因为母乳喂养可以减轻湿疹的程度。

2 宝宝的食物要尽可能是新鲜的，避免让宝宝吃含气体、色素、防腐剂、稳定剂或膨化剂的食品。

3 哺乳的妈妈暂时不要吃蛋、虾、蟹等食物，以免这些食物通过乳汁影响宝宝。

4 宝宝的食物以清淡为好，应该少些盐分，避免体内积液太多而让湿疹加重。

食谱推荐

冬瓜红豆粥

原料：冬瓜300克，粳米、红豆各50克。

调料：香油适量。

做法：

1 冬瓜洗净切块；红豆浸泡4小时；粳米淘洗干净。

2 将冬瓜块、红豆、粳米放入锅内，加适量的水煮成粥，加香油调味即可。

番茄双花

原料：番茄1个，菜花、西蓝花各100克，葱花适量。

调料：番茄酱、白糖、盐、油各适量。

做法：

1 将菜花、西蓝花洗净后撕成小朵，放入开水中汆烫后捞出再过凉水后沥干；番茄洗净，去皮切碎。

2 起锅热油，放入葱花炝锅，随后放入番茄酱炒片刻，加入少许清水烧开。

3 将菜花朵、西蓝花朵、番茄末放入锅中，调入盐和白糖适量，待汤汁收稠后即可。

> 贴心提示：番茄内含丰富的维生素及番茄碱等物质。番茄碱有抑菌消炎、降低血管通透性作用，对湿疹可起到止痒收敛的作用。

玉米须心汤

原料：玉米须15克，玉米心30克。

调料：冰糖适量。

做法：

1 玉米须、玉米心用水煎后，去渣取汁。

2 将玉米汁加冰糖调味后即可饮用。

> 贴心提示：此汤每日服1次，可连服5~7天。

流感

宝宝的年龄越小，流感发病率越高，发病程度越重，造成的健康风险越大。0~3岁的宝宝免疫能力差，极易成为流感侵袭的群体。

症状

初期症状明显，伴有高热、头痛、喉咙痛、肌肉酸痛、全身无力等症状，之后咳嗽和流鼻涕症状会陆续出现，部分宝宝可能会出现腹痛、呕吐等肠胃症状。流感的发热可能持续3~5天。一旦宝宝患上了流感，可能变得爱发脾气，食欲大减，同时出现扁桃腺红肿。

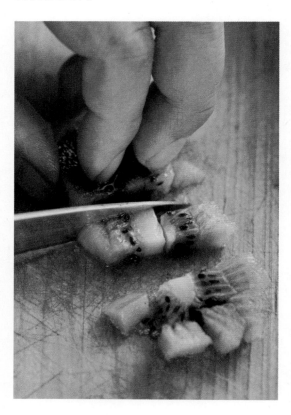

日常护理

1 给宝宝适度穿衣。秋季早晚温度变化明显，妈妈们要根据天气变化为宝宝增减衣物。

2 进行适当的室外运动。室外运动能够使宝宝呼吸新鲜空气，加速身体新陈代谢，增强宝宝的身体抵抗力。

3 给宝宝一个良好的室内环境。室内空气污浊、流通缓慢会使大量流感病毒在室内聚集，增加宝宝的发病机会。为避免这种情况出现，一定要注意保持室内空气新鲜，定期消毒，及时杀灭病毒，消除宝宝的流感隐患。

饮食调理

6个月以下的宝宝最好母乳喂养；年纪稍大的宝宝可以添加多样化饮食，蔬菜、水果、牛奶等都要吃一些，以摄入全面、均衡的营养。两次喂食期间可以喂宝宝一些白开水。

食谱推荐

🥣白萝卜炖蜜糖

原料：白萝卜1个（约750克）。

调料：蜂蜜适量。

做法：

1 白萝卜洗净后去皮，切成小块，放入大碗内，加蜂蜜和适量水腌渍30分钟。

2 再把大碗放炖锅内，隔水用小火炖1小时即可。

🥣金银花银耳煲

原料：金银花20克，银耳10克。

调料：白糖、红糖各适量。

做法：

1 银耳用清水浸泡发开后洗净；金银花用清水洗净。

2 瓦煲内放适量水，烧开后放入银耳和金银花，用小火煲半小时。

3 加入白糖、红糖各适量即可。

> 贴心提示：金银花具有直接抗病毒、防感冒、清热解毒的作用，对于防治流感有着很高的药用价值。

🥣金银花山楂饮

原料：金银花20克，山楂10克。

调料：蜂蜜适量。

做法：

1 将金银花、山楂放入砂锅内，加适量水，置大火上烧沸。

2 5分钟后取药液1次，再加水煎熬1次取汁，将2次药合并，放入蜂蜜调味即可。

> 贴心提示：这服药饮可每天给宝宝服用两次。

汗症

小儿盗汗的病因有很多种，其中最常见的原因是缺钙、发热、结核、低血糖以及周围环境温度太高。中医将白天无故出汗称为"自汗"，夜间睡眠出汗、醒后停止出汗称为"盗汗"，无论自汗或盗汗，多与宝宝体质虚弱有关。

症状

婴幼儿期由于新陈代谢旺盛，容易出汗，但是只要安静下来，出汗现象自然就会消退。有的宝宝安静状态下出现多汗的症状，则有可能属于汗症。

日常护理

1 注意给多汗的宝宝勤换衣被，随时用软棉布擦身，以保持皮肤干燥。宝宝身上有汗时，不要等衣服自行焐干，要及时更换。

2 避免让宝宝直接吹风，以免受凉感冒。

3 必要时带宝宝去医院检查微量元素，发现异常及时治疗。

饮食调理

1 汗症的饮食原则是益气养阴，妈妈平时可以多给宝宝吃一些糯米、小麦、大枣、核桃、莲子、山药、百合、蜂蜜、泥鳅、黑豆、胡萝卜等食品。

2 小儿自汗，平时不要多吃寒凉、生冷的食物；小儿盗汗，平时应该少吃辛热、煎炒、上火的食物。

3 多补水。多汗易造成宝宝口舌干燥，健康受损，因此要多给宝宝喝水，喂以多种营养丰富的食物，保证代谢之需。饮食要清淡，避免汗液增多。

食谱推荐

小麦大枣粥

原料：小麦60克，大枣20克，糯米适量。

调料：红糖适量。

做法：

1 将小麦、糯米洗净；大枣去核。

2 锅内装六成满的清水，放入小麦、糯米、大枣，大火烧开，改小火煨30分钟成粥。

3 粥烂熟时，加入红糖拌匀即可。

> 贴心提示：这道粥可以早晚各给宝宝服用1次。

苦瓜汁

原料：苦瓜1根（约400克）。

调料：冰糖适量。

做法：

1 将苦瓜洗净后去子，切块，放入榨汁机中榨汁。

2 取汁放砂锅内烧开，加冰糖调味即可。

> 贴心提示：苦瓜煎制成凉茶，夏日给宝宝饮用可以消暑怡神，但是苦瓜不耐保存，即使放在冰箱中，也不宜超过2天，最好是现买现吃。

Part 5 宝宝常见病饮食调理

伤食

一般2岁以后的宝宝基本上都与成人吃一样的食物了，爸妈很少再为他们开小灶。因为跟大人同桌吃饭，又吃一样的饭菜，往往就会忘记宝宝的消化吸收能力和咀嚼能力还是比成年人弱，一不小心，就会发生"伤食"。

症状

我们说的"伤食"是指宝宝进食超过了正常的消化能力，导致一系列消化道症状，如厌食、上腹部饱胀、舌苔厚腻、口中带酸臭味等。

日常护理

1 捏脊：让宝宝面孔朝下，俯卧；妈妈以两手的拇指、食指和中指捏按宝宝脊柱两侧，随捏随按，力度不要太大，由下而上，再从上而下，捏3~5遍，每晚一次，积食症状将慢慢缓解。

2 揉中脘：中脘穴位位于胸骨正中与肚脐连线的1/2处。妈妈用手掌根旋转按揉，每日2次。

3 按摩涌泉：足底心即是涌泉穴。妈妈以拇指压按涌泉穴，旋转按摩30~50下，每日2次。

饮食调理

宝宝伤食的时候，不要再给宝宝喂食高热量、不易消化的脂肪类食物，禁食1~2餐或者喂些清淡易消化的米汤、面条等，同时要遵照医嘱，给宝宝服用一些助消化药。

食谱推荐

炒红果

原料：新鲜山楂适量。

调料：红糖适量。

做法：

1 山楂洗净，去核。

2 将红糖放入锅内，用小火炒化，加入去核的山楂，再炒5~6分钟，闻到酸甜味即可。

> 贴心提示：可以用未经加工的干山楂，如果宝宝伴有发热症状，应改用白糖。

生姜橘皮茶

原料：生姜20克，橘皮10克。

调料：红糖适量。

做法：

1 生姜、橘皮洗净切小片，放入锅中。

2 加入适量清水和红糖，煮成糖水即可。

> 贴心提示：生姜含姜辣素，能止吐，增强胃肠蠕动，排除消化道中积存的气体。橘皮所含的挥发油也有利于胃肠积气排出，能促进胃液分泌，有助于消化。两者做成的生姜橘皮茶，对缓解消化不良导致的腹部胀气很有好处。

便秘

如果粪便在结肠内积聚得时间过长，水分就会被过量地吸收，导致粪便过于干燥，造成排便困难。

症状

宝宝的大便干结，偏硬，颜色发暗。

日常护理

1 训练宝宝养成定时排便的好习惯。一般来说，宝宝3个月左右，妈妈就可以帮助宝宝逐渐形成定时排便的习惯。

2 按摩。手掌向下，平放在宝宝脐部，按顺时针方向轻轻推揉。这不仅可以加快宝宝肠道蠕动进而促进排便，并且有助于消化。每天进行10~15分钟。

3 多运动。经常带宝宝去散散步，运动运动。

饮食调理

1 宝宝的饮食一定要均衡，不能偏食，五谷杂粮以及各种水果、蔬菜都应该均衡摄入。

2 可以让宝宝多吃含粗纤维丰富的蔬菜和水果，如芹菜、韭菜、萝卜、香蕉等，以刺激肠壁，使肠蠕动加快，粪便就容易排出体外。

3 清晨起床后给宝宝饮1杯温开水，可以促进肠蠕动。要注意多给宝宝饮水，最好是蜂蜜水，蜂蜜水能润肠，也有助于缓解便秘。

4 如果是牛奶喂养的宝宝，在牛奶中加入适量的糖（5%~8%的蔗糖）可以软化大便。

食谱推荐

🥣红薯粥

原料： 新鲜红薯150克，粳米100克。

调料： 白糖适量。

做法：

1　红薯洗净，切成小块；粳米淘洗干净。

2　锅内加适量清水，放入红薯、粳米同煮为粥，快熟时加适量白糖搅匀调味，再煮片刻即可。

> **贴心提示：** 红薯是一种碱性食品，含有较多的钙、镁、钾等矿物质，钙和镁可预防骨质疏松症；钾能有效预防高血压。红薯含有多种不易被消化酶破坏的纤维素和果胶，能有效刺激消化液分泌及肠胃蠕动，使大便畅通。

🥣雪梨炖罗汉果川贝

原料： 雪梨1个约250克，罗汉果、川贝母各适量。

调料： 蜂蜜、冰糖各适量。

做法：

1　雪梨去皮和核，切成小块；罗汉果洗净，剥去外壳；川贝母洗净。

2　将雪梨块、罗汉果、川贝母同放在小盆内，加入冰糖、蜂蜜和1碗水。

3　入锅隔水蒸1小时，取出凉温即可。

> **贴心提示：** 蜂蜜有润肠通便的作用，这道汤食可以给宝宝佐餐食用。

🥣 木瓜鱼汤

原料：生木瓜1个（约500克），草鱼肉1块（约300克），干莲子20克。

调料：盐适量。

做法：

1. 干莲子洗净，放入冷水中浸泡至软；木瓜去皮及子，切块备用。

2. 草鱼洗净，放入平底锅中用少许油煎至两面微黄，捞出备用。

3. 锅中倒入2000毫升开水，放入莲子及煎好的鱼块，大火煲滚后改小火煲2小时。

4. 待汤色变浓白色时，加入木瓜及盐再煲30分钟即可。

> 贴心提示：木瓜含有的膳食纤维有利于胃肠的蠕动，能促进体内毒素、废物的排出，有消除便秘、保护肝脏之效。

🥣 鲜蘑烩油菜

原料：油菜心200克，鲜蘑菇50克，姜末、葱花各适量。

调料：盐适量。

做法：

1. 油菜心、蘑菇洗净。

2. 起锅热油，下姜末、葱花炝锅，下油菜心、蘑菇旺火炒3分钟。

3. 加适量食盐调味即可。

> 贴心提示：油菜中含丰富的纤维素，可以减少脂肪吸收，促进肠胃蠕动，对减轻和预防便秘有好处。

腹泻

宝宝消化功能不成熟，发育又快，所需的热量和营养物质多，一旦喂养不当，就容易造成腹泻，俗称拉肚子。

症状

宝宝每日大便次数可达4~5次乃至十几次，常伴有恶心、呕吐、食欲下降或拒食的现象。

日常护理

1 注意腹部保暖，以减少肠蠕动，可以用毛巾裹腹部或热水袋敷腹部。让宝宝多休息。

2 由于宝宝的皮肤比较娇嫩，而且腹泻时排出的大便一般酸性较强，会对宝宝小屁股的皮肤造成伤害。所以，在宝宝每次排便后妈妈都要用温水先清洗会阴及周围皮肤，然后再清洗肛门，最后用软布擦干。

饮食调理

1 减少膳食量以减轻肠道负担，限制脂肪摄入以防止低级脂肪酸刺激肠壁；限制糖类，以防止肠内食物发酵促使肠道蠕动增加。也就是说应该给宝宝清淡饮食，以利于其肠道修复。

2 无论何种病因的腹泻，宝宝的消化道功能虽然降低了，但仍可消化吸收部分营养素，只要宝宝想吃，都需要喂。

3 腹泻会导致宝宝脱水，妈妈要给宝宝补充足够的水。

食谱推荐

🍚 山药粥

原料：大米50克，山药细粉20克。

做法：

1 将大米淘洗干净，用清水浸泡30分钟备用。

2 锅内加入适量清水烧开，加入大米烧开，再加入山药细粉，一起煮成粥即可。

> 贴心提示：此粥有健脾的功效，适宜小儿慢性腹泻者食用。山药含有淀粉酶、多酚氧化酶等物质，有利于脾胃消化吸收功能。

🍚 白术大枣饼

原料：白术100克，大枣80克，面粉150克，鸡蛋2个。

做法：

1 白术洗净，烘干，研成极细的粉末，炒熟备用。

2 大枣洗净，煮熟，捣烂成泥；鸡蛋打散至起泡。

3 将白术、大枣、面粉和鸡蛋液混合均匀，加适量水制成小饼，入烤箱烘干即可。

> 贴心提示：此饼可以作为点心给宝宝佐餐用，也可以代替一顿主食来食用。

上火

宝宝脏腑娇嫩，体温调节中枢功能不完善，很容易上火。

症状

日常生活中，0~3岁的宝宝上火3大特点就是"吃不进""受不了""拉不出"，常常表现为：发热、口腔溃疡/糜烂、厌食、便秘，还有眼红、眼屎多、嘴唇干裂、嗓子干涩、口臭、腹胀、腹痛。

日常护理

1. 规律排便。帮宝宝养成规律的排便习惯，可以及时将体内的毒素排出来。
2. 保证睡眠。宝宝睡眠好，既能促进生长发育，又可增强身体抵御疾病的能力。
3. 保持合适温度和湿度。室内温度在18~22℃，湿度在55%~60%，经常开窗通风，保持室内空气新鲜，可防止宝宝皮肤及鼻咽腔黏膜干燥。
4. 多活动。天气好可多带宝宝到户外活动，促使体内积热发散，提高抗病能力。

饮食调理

1. 坚持母乳喂养。母乳含丰富营养物质和免疫抗体，母乳喂养可提高宝宝抵抗力，防止上火。
2. 选好配方奶。许多吃牛奶或婴幼儿配方奶粉的宝宝出现了上火症状，人工喂养的宝宝应在营养专家的指导下选用配方奶，多喂白开水。
3. 多饮水。宝宝早上起来就喝白开水，这样可以补充晚上丢失的水分，清理肠道，排除废物，唤醒消化系统及整体功能的恢复，清洁口腔等。半小时后再喝奶或吃主食，吃完后再喝几口水以清洁口腔。有些宝宝不爱喝白开水，也可以喝些果汁。
4. 饮食要清淡。宝宝上火要多吃蔬菜、瓜果，少吃油炸、煎烤类的食品和巧克力、奶油等甜食。夏天对于桂圆、荔枝、杧果等热性水果也要少吃。鸡蛋、瘦肉、鱼、豆类等优质蛋白要充足供应，但动物性蛋白质应尽量选择脂肪少的，不可太油腻。在烹调中，多使用清炖、清蒸等方法。
5. 控制宝宝的零食，特别要少吃高油、高糖的精致化加工食品。

Part 5 宝宝常见病饮食调理

食谱推荐

◆雪梨香蕉汤

原料：雪梨1个（约250克），香蕉约100克，清汤适量。

调料：冰糖适量。

做法：

1 雪梨、香蕉均去皮切块。

2 起锅，倒入清汤，放入雪梨、香蕉、冰糖，小火煮10分钟即可。

◆绿豆藕盒

原料：莲藕1节约250克，绿豆100克，胡萝卜50克。

调料：白糖适量。

做法：

1 绿豆洗净，浸泡半个小时后碾碎；胡萝卜洗净切碎，和绿豆搅拌均匀。

2 莲藕刮皮洗净，从一端切开，在莲藕孔中灌入胡萝卜绿豆馅。

3 将莲藕放蒸锅中蒸熟，再切片摆在盘中即可。

◆肉片苦瓜

原料：苦瓜半根约200克，猪瘦肉20克，葱花、姜末各适量。

调料：盐适量。

做法：

1 苦瓜洗净，去子切片；猪肉洗净切片。

2 起锅热油，下葱花、姜末炝锅，放入肉片炒熟，淋入少许清水。

3 再放入苦瓜炒熟，加适量盐调味即可。

贴心提示：苦瓜能够起到增强宝宝食欲、促进消化和清凉败火的作用。

发热

宝宝的体温一般在37.5℃以下，如超过这个温度就说明可能在发热。

症状

宝宝发热时，通常还伴有面红、烦躁、呼吸急促、吃奶时口鼻出气热、口腔发热发干、手脚发烫等症状。

日常护理

宝宝发热后最简便而又行之有效的办法是物理降温，不要随便使用退热药物，以免引起毒性反应。

宝宝体温在38℃以下时，一般不需要处理，但是要多观察，多喂些水，几个小时后宝宝体温就可以恢复到正常。

如在38~39℃，可将襁褓打开，将包裹宝宝的衣物抖一抖，然后给宝宝盖上较薄些的衣物，使宝宝的皮肤散去过多的热，室温要保持在15~25℃。

宝宝体温高于39℃时，可用乙醇加温水混合擦拭降温，高热会很快降下来。乙醇和温水的比例应为1:2。擦拭时可以用纱布蘸着乙醇水为宝宝擦颈部、腋下、大腿根部及四肢等部位。在降温过程中要注意，体温一开始下降，就要马上停止降温，以免矫枉过正，出现低体温。乙醇

可以使婴幼儿的体温急剧下降，所以要慎重使用。

饮食调理

1 多喝水有助于宝宝发汗散热，此外水有调节温度的功能，可使体温下降及补充机体丢失的水分。

2 宝宝发热期间，适合少量多餐，饮食应以清淡、易消化为主，可以喂宝宝一些藕粉、代乳粉等，但仍以母乳为最佳。

食谱推荐

🍲 海带绿豆汤

原料：海带、绿豆各20克，甜杏仁10克。

调料：红糖适量。

做法：

1 绿豆、甜杏仁洗净；海带洗净，切丝。

2 将海带丝、绿豆、甜杏仁一同放入锅中，加水适量，大火煮开，再小火烹煮，煮熟后加红糖调味即可。

> 贴心提示：绿豆有清热解毒及祛暑的疗效，而且水分充足、营养丰富。

🍲 百合绿豆粥

原料：大米、绿豆各100克，百合50克。

调料：红糖适量。

做法：

1 将百合洗净，去泥沙；大米、绿豆淘洗干净。

2 将大米放锅内，加入300毫升水，放入百合、绿豆。

3 用大火烧沸，再用小火煮熬1小时，加入红糖拌匀即成。

> 贴心提示：此粥色泽鲜艳，甜香适口，适合宝宝的口味，有清热解毒、消暑利水的作用，特别适合宝宝夏天食用。

鼻出血

宝宝鼻黏膜血管丰富，黏膜较为脆嫩，易发生鼻出血。

症状

宝宝鼻出血，出血量可多可少，轻者仅涕中带血，重者出血量较多，可引起头晕、乏力，甚至出现昏厥。

日常护理

1 宝宝鼻出血的应急处理方法：
a.让宝宝取坐位，头稍前倾，尽量将血吐出，避免将血咽入胃中刺激胃。

b.用拇指、食指捏住宝宝双侧鼻翼，也可用干净的棉球、纱布、手绢填塞鼻孔止血，同时用凉毛巾敷额头及鼻部，也有利于血管收缩、止血。

经过上述处理，一般多在数分钟内止住出血，如果十几分钟仍不止血，则应送医院诊治。

2 在给宝宝洗脸时，用清水洗一洗宝宝的鼻腔前部，注意不要把水弄到鼻腔深部，以防呛水。经常用棉签蘸婴儿润肤油或润肤露擦拭宝宝鼻腔前部。

3 有的宝宝有用手抠鼻孔的不良习惯，鼻黏膜干燥时很容易将鼻子抠出血。平时应教育宝宝不要用手挖鼻孔。

饮食调理

1 平时多吃新鲜蔬菜和水果，并注意多喝水或清凉饮料补充水分，

有助于避免宝宝发生鼻出血。鲜藕、荠菜、白菜、丝瓜、芥菜、蕹菜、黄花菜、西瓜、梨、荸荠等都是有利于止血的果蔬。

2 秋天要多给宝宝补水，比如食疗方中的秋梨汤、柿子汁、荸荠水等应经常饮用，或多吃水果和蔬菜，必要时可服用适量维生素C、维生素A和维生素B_2。

3 让宝宝养成良好的饮食习惯，在饮食上不挑食、不偏食，防止宝宝因维生素的缺乏而致鼻出血。

4 发生过鼻出血的宝宝不要多吃煎炸、肥腻以及虾、蟹、雄鸡等食物。

食谱推荐

🥣 空心菜白萝卜蜂蜜露

材料： 空心菜100克，白萝卜1个（约200克）。

调料： 蜂蜜适量。

做法：

1 空心菜择洗干净；白萝卜去皮，洗净，切小块。

2 空心菜与萝卜块捣烂，放入榨汁机中榨汁，加蜂蜜调匀即可。分2次服，每天1次。

> 贴心提示：萝卜性味偏凉，利于止血。

🥣 白云藕片

原料： 嫩藕300克，粉丝30克，水发银耳、水发木耳各15克，青椒25克，姜末适量。

调料： 白糖、盐、淀粉、香油、米醋、油各适量。

做法：

1 嫩藕洗净，去皮，切薄片，放盐腌制一会儿；青椒洗净，切丁；木耳、银耳洗净，撕成片。

2 用米醋、盐、香油调成汁，与粉丝、银耳一起拌匀。

3 用少许清水放入白糖、米醋、盐、淀粉调成糖醋汁，倒入烧热的油锅中，下姜末、青椒、木耳煸炒几下，放入藕片，稍炒后放入银耳、粉丝，炒熟即可。

> 贴心提示：莲藕有清热的作用，对热性病症如上火引起的鼻出血等有较好的治疗作用。

肥胖

宝宝的体重超过平均值20%以上就算肥胖。在婴儿期，宝宝活动范围小，吃的食物又营养丰富，加上有的家长喂食不予控制，宝宝一哭就给他吃东西，容易导致宝宝出现肥胖。

症状

过于肥胖的宝宝会常有疲劳感，用力时会气短或腿痛。严重时，由于脂肪的过度堆积限制了胸扩肌和膈肌运动，会发生呼吸困难。因体重过重，走路时两下肢负荷过度还会导致膝外翻和扁平足。而且，肥胖也限制了宝宝的运动功能发展，不利于身体的生长发育。在婴儿期肥胖的宝宝，如果调理得当，到两三岁后肥胖现象可以改善，否则会持续发展，一直维持到成年。

日常护理

1 制订运动计划。增加运动使能量消耗，是减轻肥胖者体重的重要手段之一。但肥胖的宝宝因运动时气短、运动笨拙而不愿运动，需要家长和宝宝合作，共同制订运动计划。如每天晚饭之后全家人外出散步30分钟，如果抽不出时间每天散步，可以选择固定几天安排一些事情让全家人都有机会参加。

2 至少每半年要为宝宝量一次身高、体重，同时计算身体质量指数（BMI），核对参考指数，衡量宝宝是否过重甚至肥胖。

1~6个月：标准体重（克）=出生体重（克）+月龄×600。

7~12个月：标准体重（克）=出生体重（克）+6×600+（月龄-6）×500。

1~2岁的体重：标准体重（千克）=年龄（岁）×2+8。

计算标准体重的一般公式：标准体重（千克）=身高（厘米）-105。

具体而言，宝宝的体重超过身高标准体重的10%~19%为超重，超过20%~29%为轻度肥胖，超过30%~49%为中度肥胖，超过50%为重度肥胖。

饮食调理

1 限制高热量、高脂肪、高糖、高胆固醇食物（肥肉、动物内脏、油炸食品、奶油甜点、坚果类、冰淇淋、巧克力等）的摄入。多食糙米（糙米粉）、全麦（麦片）、玉米等，可生食的食物尽量生食，这样热量低且营养成分高。宝宝的食物烹调宜清淡，加盐不应过多。

2 保证含蛋白质食物（鱼、瘦肉、豆类及豆制品）及含维生素、矿物质食物（含水分多的蔬果：黄瓜、冬瓜、白萝卜、生菜、番茄、西瓜；含纤维多的蔬菜：芹菜、竹笋、菠菜、白菜、胡萝卜、蘑菇、海带、木耳）的摄入，以防减肥影响宝宝生长发育。

3 家长要带头示范健康的饮食方式。不论自制或外食，都要为全家人选择均衡、健康的食物。

食谱推荐

🍲 冬瓜汤

材料： 带皮冬瓜300克，陈皮3克，葱、姜各适量。

调料： 精盐适量。

做法：

1 冬瓜洗净，切成块，放锅内。

2 加陈皮、葱、姜、精盐和适量水，文火煮至冬瓜熟烂即成。

> 贴心提示：冬瓜性寒凉，脾胃虚弱、肾脏虚寒、久病滑泄、阳虚肢冷者忌食。

🍲 豆腐丝拌豌豆苗

原料： 豆腐皮50克，豌豆苗250克，蒜末适量。

调料： 盐、香油各适量。

做法：

1 豆腐皮洗净，切丝，入沸水锅中焯烫，捞出过凉，沥干水分；豌豆苗择洗干净，入沸水中焯熟，投入冷水中过凉，捞出沥干。

2 将豆腐丝和豌豆苗放入大碗中，加盐、蒜末、香油拌匀即可。

> 贴心提示：豌豆苗含有大量膳食纤维，经常给宝宝吃可以促进胃肠道蠕动，减少消化系统对糖的吸收，起到减肥的作用。